糙米布衣野花

我和食物的故事

睿子 著
诗琦 绘

中国轻工业出版社

我们和食物的关系，折射着我们和世界的关系。

在大理，一天有四季，一年却只有两季：雨季和风季。

大理的风季，行云流水，万物都在奔跑、舞蹈、歌唱。于是，一切都是鲜明而丰盛的模样，阳光，天空，植物，农作物，还有人……

到了雨季，枝繁叶茂，万物又开启野蛮生长的模式：给大地一颗南瓜的种子，它会汹涌成一大片瓜园；给天空一小片乌云，它会还我们四处乱冒的彩虹……

这样的一方水土，养育了一方内心丰盛而从容的人，他们和天地自然处于一个更平衡的关系之中，也因此拥有了一种更大的格局和胸怀：简单，明朗，包容，所求不多。

最近 20 年，有越来越多的人选择从繁华喧嚣之地，移居（或者说回到）大理。这群人也被称为新大理人。他们一般都有两段很不相同的人生：移居大理前的故事版本万千，而移居后的故事，其脉络和走向便有了一定的可概括性：

比如，大部分人慢慢摒弃了白面粉、白米、鲜切花和塑料袋，吃全麦面和糙米，穿布衣麻衫，喝山泉水，住老房子，餐桌上装饰着野花野草，买菜背竹篓、用布袋，吃天然酵母发酵的面包，甚至自己种菜、种稻，自己改房子、建房子，自己动手制作一切、修理一切……当生活不再被浮躁和贪婪推动，大家便像一粒粒尘埃般落了下来，融入土地，沉静安然地面对生活。

当生命回归自然和生活时，我们便拥有了一手的经验：看待世界，看待问题，看待挫折，就有了一份弹性和灵动，而不再是向外去寻找一个标准答案，不会过早地固守、封闭在自己的认知里，放弃拓展生命宽度和深度的机会。

置身其中的我，曾因工作之故，采访过诸

多成功人士、艺术家、明星、大牌掌门人……但却前所未有地对这群回归生活的朋友和邻居充满好奇。所以，对于有些社恐的我来说，采访无疑是最正当且最直接的理由，直接去提纯、分享他人生命中的精华。

布谷四季，是我和搭档诗琦在 2021 年初夏成立的食物教育工作室——我们希望于四季山野、良食良田，去探索食物的本质，生命的本真。

"我和食物的故事"系列始于 2021 年的深秋，始于我们对新大理（云南）人的好奇心，始于我们希望透过食物，探索"我是谁？""我从哪里来？""我要成为什么样的人？"目前，布谷四季已经采访了 30 多位相关领域的人物，他们中有农夫、大厨、餐厅主理人、自然教育者、手艺人、音乐人、生活家、民宿主人、设计师，等等。

在这本书里，我们先结集出版了前 20 个故事。这 20 个故事中的 22 位人物，也像 22 束微光，奋力照亮了一条向真、向善、向美之路。这 20 个故事，也像 20 座山，每一座都有自己的风景和巅峰。每一座山和每一座山又绵延成一条山脉，共同指向了一个简单而终极的问题——我们和食物的关系，也折射着我们和自己、和他人、和世界的关系。

于是，做这件事的意义越来越清晰，越来越开阔，也越来越笃定。我和诗琦也在"采访、写作、剪辑、绘画"这一系列高度聚焦的动作中，获得了更多前行的力量，甚至会觉得，我们是在沉浸式地研读一系列生命大学的课程。

从小到大，我都很喜欢发酵类食物。在布谷四季的食育课堂上，我们也一定会带着孩子们去制作需要发酵的食物。无法立等可取，时间才是这道食物的主厨，慢下来的时光终究收获了唯有慢下来才可以抵达的风味，食物如此，生命亦如此。

2023 年的秋天，当我们因为这本书再回访这 22 位人物时，发现时间又在这些故事中加入了更多的风味：比如耿苓，已经搬到了更偏僻安静的苍山西镇，并在进一步脱离物质束缚的探索中，实现了新的自由；比如兰兰姐和先生结束了四年的沙溪旅居生活，把家安放在成都和一辆房车上，至于什么时候在成都享受安逸生活，什么时候把自己放逐于路上，完全随心意切换……

而当我重新编辑每一个故事，重新补增采访内容时，我发现我真的好喜欢他们每一个人，不是因为我们挑选了我们喜欢的人，而是每一个人都是那么值得被喜欢。他们微小而明亮，笨拙而倔强，让我一次次地经由阅读而贮满力量。

山河远阔，微风不燥。

我听见一棵树在摇动另一棵树，一朵云在推动另一朵云……

睿子

2024 年 4 月

序

　　小时候，我就展现出了格外享受食物的性格。因为吃饭香，大人们总是和我开玩笑："和你坐在一张桌子上吃饭的话，都会被带动着多吃一碗饭呢！"

　　长大后，也常自嘲"食域宽广"，尝试新的滋味似乎成为了我认识世界的重要方式。而那些曾经去过的地方，以味道的形式在我心里留下记忆，甚至连脑海中的地图都是由吃过的地方给连缀起来的。

　　但我也从未想过，会以一个聆听者的身份，如此近距离地触摸到二十个珍贵的生命故事，同时和故事的讲述人一起吃了二十餐难忘的饭。从 2021 年开始，睿子和我决定，用文字和插画，记录下这些曾深深打动我们的生命故事。希望从"吃"这个日常被关注但是很少被理解的行为中，找到一扇门，通过它，向外可以看到世界，向内可以看到自己。

在这些故事里，有在时间年轮里循环着的播种、耕作和收获，连接起土地和我们；有不受地理位置定义的乡愁、身世和归处，是经由情感积累成的深厚滋味；还有一个个独特又闪光的灵魂，像种子一样，在生活中逐渐长出自己的模样……当我们看着这些生命轨迹的时候，好像是在观察植物的根系——看生命如何在黑暗中积蓄力量、在细微处汲取滋养，于是更加赞叹他们生长出的花和果，是属于生命的完整和美好。

他们的故事，总让我想起在每次食育课开始之前，带着孩子们一起念的颂词：

感恩自然的馈赠
感恩大地的承载
让我可以
用我的手、我的心
为我做的事
带去光、爱
与温暖

谨以这二十个生命故事，二十种简单朴素的味道，作为布谷四季送给你的礼物吧！在未来的日子里，一起好好吃饭，好好生活，好好去爱！

诗琦

2023 年 12 月

目录

Part1

以食物为媒，寻找另一种可能

Part3

纷繁过后，见本心

Part1

以食物为媒，

寻找另一种可能

在日复一日的餐食中，看见自己，成为自己

白菜，一个以改造老院子为生的宁波姑娘。在大理十年，她把一栋栋被遗弃的老院子从困窘中唤醒，恢复它们曾经的聒噪与生机。这些院子中的每一个厨房，白菜都会给予更多的笔墨，在她看来，厨房的温度也是一个家的温度。

外婆的味道和
妈妈的味道

　　这是临近洱海边的一座白族老院子，前院是一栋童话般的小石屋，后院是白族传统木结构的老房子，南侧是一间同为木结构的厨房。白菜坐在厨房的餐桌边，静静地缝着棉布餐垫，一旁的煤气灶上，一锅美味的汤正咕噜噜地冒着迷人的香气……

　　这间厨房，有厚厚的墙壁，笨笨的窗台，白菜的两只猫咪经常会肩并肩坐在窗台上，看鸟和蝴蝶，"我一天的主要活动基本都在厨房，它和院子有天然的连接，煮个咖啡、弄个茶都很方便，不用转换空间。"

最近，白菜很喜欢做饺子和抄手："也许是小时候鲜有这样的体验吧，所以很向往这种热闹的节日食物。"白菜上初中之前，父母都忙于生意，家里的厨房并没有其他小伙伴家的烟火气。反倒是外婆家的厨房和食物，弥补了那段缺失，"外婆做的食物简单清淡，却特别好吃。她喜欢晒各种蔬菜干，记得有种豆角干，泡发后，蒸一蒸，撒点麻油，就好吃得不得了。"

"妈妈的味道"则是在白菜上初中后，才开始铭印在她的身体和记忆里。那时，家里生意不忙了，妈妈终于有时间把心思放到厨房。白菜的妈妈在对待"吃"这件事上极有天赋。但凡在外面吃到喜欢的菜，她就可以凭直觉想象出所需的食材和烹饪过程，并且很注重营养、口味、摆盘的设计。这样的态度，也在无形中深深影响到白菜。

与外婆家很不同，白菜家的餐桌上，酱油是调味料中的绝对主角，常常直接取代盐。白菜的妈妈最拿手的，也是白菜无比挚爱的一道菜是酱油肉——以酱油和时间烹制而成。上学的时候，她每天中午都会带便当，铝饭盒里装上米饭，上面再铺一层酱油肉。拿到学校后，放在一个大蒸笼里，中午就可以吃到热腾腾的饭菜了，"一般，上午的最后一堂课，我都处在满脑子全是酱油肉的状态。这一整天，我也会因为这份酱油肉而获得无比的满足和幸福。我甚至可以一周、一个月都恒定开心不变地只吃这一道菜。"

酱油肉

距下课还有3分钟

用味蕾探索和丈量世界

长大以后的白菜，就这样带着被酱油深深烙印过的味觉审美系统，开启了她探索世界的步伐。

她曾流连于马来西亚槟城老城区，在那仿佛有着巨大美食磁场的古早小店中，放逐自己的味蕾，徜徉在一道道美味中；也曾在缅甸山上的寺庙里，以清醒、觉知、克制的状态去探索食物和自己的关系。她曾在贵州的大山里，像爱酱油肉一样爱着木姜子——一个月恒定开心不变地吃着木姜子酸汤锅；也曾在大理，在身体和情绪都落入低谷时，因朋友带来的一晚豌豆尖豆腐汤而满血复活。

2020 年之前的很长一段时间，白菜每年会有大半年待在大理改造老院子，然后有小半年时间出去旅行看世界。她尤其喜欢那些七七八八的香料，"它们就像是一场味蕾探险，充满了各种未知性。它们有性格、有意思，在味觉搭配上，更像是一个x，你永远不知道其他食材和它搭配会出现什么样的味道。"

在白菜的厨房里，放着一大瓶木姜子酱油，就是把新鲜的木姜子直接浸泡在酱油里制成的。白菜打开给我们闻了一下，香味很奇特，集合了花椒、辣椒、柠檬、酱香等说不出来的风味，"天天做已知经验里的那些食物，就会感觉太熟悉了，当它们还在锅里、还是半成品的时候，你就已经预见到它的味道了。这个时候，我就会想到用香料，比如木姜子酱油，感觉更像是别人做的菜，好像也更好吃。"

厨师和食物的知情者

　　多年前，还在宁波上班的白菜曾和闺蜜看过一场探戈舞剧。从剧院走出来，闺蜜说："你有没有觉得，弹钢琴的、拉小提琴的和拉大提琴的，他们好像藏了一个天大的秘密，你看他们眼神交流时的那种心领神会，虽然没有办法完全领略，但又好像看懂了一点点。"

　　之后的这些年，白菜每每在外面享用到美味时，就会想起闺蜜当年说的这段话，"我好像也知道了一点点厨师和食物的秘密，虽然只有一点点，但好像已是知情人，心里便偷偷地欢喜。"

　　有一次，白菜和她的专业饭搭子——一位年轻的皮具师去大理一家日本大叔开的日料店午餐。这间店的米饭是现做的，经过近 40 分钟的等待，热腾腾的米饭终于端上了桌，只吃了一口，他俩便同时窥到了厨师的秘密。

　　白菜：感觉这米饭还活着。

　　白菜的饭搭子：嗯，这米饭嚼起来像一床松软的棉花被。

　　在白菜看来，同为美食爱好者，每个人和美食之间呈现的关系却是不一样的。有一次，她在广州吃到一碗艇仔粥，"吃了几口后，我就开始惭愧，突然感觉它的用心程度、好吃程度，到了无法承受的地步。这碗粥变得很大很大：这个厨师怎么会如此用心地做出这么好吃的东西？那种感觉已经不是简单的理解和敬佩，它超越了食物本身，通过食物我看到了更多、更大的东西……"

　　这个"多"和"大"便是经由食物而承载的"道"吧。

身世与乡愁，
未知与远方，

每天早晨，白菜会先练两个小时的瑜伽，然后再以一顿丰盛而美好的早午餐，作为开启这一天的仪式。每天的晚餐则是白菜和男友最重要的家庭活动，充满了日常居家的散漫氛围，"食物有时候就像一种语言，甚至比语言更有力量，它可以表达隆重，表达松弛，表达热情，表达关心，表达爱。"

白菜说，她一直有个梦想，就是在东南亚的某个小城开一个小小的餐厅，也许只有两三个座位，没有菜单，想做什么就做什么，就像一个家的厨房，给食客带去在家人以外，却犹如家人般的关心和体验。

在这篇文章就要收尾时，白菜发来了一段文字和视频：

追完了《东京大饭店》，记住了旱金莲油，正好院子里有满地打滚儿的旱金莲，就做了一小瓶黑暗料理：油浸木姜子咖啡旱金莲。

在白菜身上，能看到她藉由某些深深的确定感而获得的安全与满足，又同时对未知的世界保有强烈的好奇心与探索欲，引领她去不断地突破与创造。就像那瓶木姜子酱油，一头连接着身世与乡愁，一头通向奇妙而有趣的未知世界。它们是如此矛盾而统一，如此完美地雕刻出独一无二、鲜活可爱的白菜。而她也在日复一日的餐食中，成长和成熟。伴随着在食物里对自己的观察和认识，伴随着经由食物而展开的和他人、和世界的关系，最终看见自己，成为自己。

凉拌香草老豆腐

【食材】

老豆腐，紫苏，薄荷，油，
木姜子酱油，糖，醋

老豆腐

薄荷

紫苏

木姜子酱油

醋

糖

【做法】

1　老豆腐掰成小块，在水里煮开。

2　热油，紫苏、薄荷炸香。

3　加适量糖、醋、木姜子酱油，凉拌即可。

2023 年春天，白菜从大理古城附近的老院子，搬到了大理的新城下关。这里有 2020 以来中国都市所拥有的繁华，也残存着20世纪八九十年代小城生活的闲适。她依然以一个"在路上"的视角，在自己和别人的生活中旅行。

即使身处钢筋水泥的丛林，白菜依然可以随时随地，以"拆盲盒"的心态和状态，消解压力与烦恼，获得舒展与力量。

抽离

看到在十字路口焦急等红灯看导航打电话的外卖小哥：*我们的生活什么时候变得这么快？饭菜从餐厅到家里，必须在 30 分钟内到达吗？*

心态

"没有目的地，不是非要找到什么"所带来的轻盈。如果散步可以，生活也可以。假装在自己生活的城市旅行，保持新鲜和好奇。

收获

别人的生活，就这样在街角巷尾真实地舒展着，像一本毫无保留的书。而我，在一页页展开的章节中，触摸到新的力量。

city walk

喜自然

拆盲盒式

看到三个嬢嬢在老小区门口卖菜，地上只有三把韭菜，她们聊得兴高采烈、沉浸忘我，谁还在手地上到底有几把韭菜呢？

有时，也会临时开车上高速，头脑放空地开上一段时间，下高速，走进一个不认识的村庄，找个小店吃个晚饭，再上高速返回。挡风玻璃上的紫红色夕阳，让心瞬间安静下来。

我为大地和食物歌唱

如果说沙溪的 A 面是自由、散漫和肆意，那它的 B 面
就是自在、真诚和热爱，一如兰兰现在的人生。那是
一种温暖底色之上挥洒而出的自由和肆意。即使已步
入知天命之年，她依然可以像个孩子一样，毫无畏惧
地扑向大地和生活，热烈地拥抱每一株小花和小草，
每一片天空和云朵，每一寸光阴和热爱。

因爱下厨，
因懒生慧

旅居沙溪的兰兰，在她关于植物、食物和大地的手账中写道："院子里的玉米很意外地长了出来……玉米粒自由散漫，甚至不在岗，但这些都不是缺点，全是优点。"

上午九点的沙溪，美丽而慵懒。这里的人们也像这玉米粒一般，还都不在岗，但这些都不是缺点。

兰兰邀请我们十点钟去她家吃早餐。我们于古镇中七转八转，拐入一条极不起眼的小巷。橙色瀑布般的炮仗花热烈地簇拥着两扇不大的木门，叩门问好，跟随兰兰步入曲径通幽的古朴小院。童话般矮矮笨笨的土夯墙，白族传统的木结构老房子，这当中，植物兀自散漫地生长着、怒放着、凋谢着。

作为家中最受宠爱的小女儿，兰兰在很小的时候就机智地辨识出：她是可以不用干活的，"懒到一塌糊涂，我好像找不到谁比我更懒。一直到女儿的出生，我才浪子回头，开始学习做饭。因为太爱自己的孩子了，所以愿意为她做一切事情。也因为喜欢画画，对美的东西比较敏感，所以做饭就不会太差。有一天我问女儿：你知道妈妈做的饭这么好吃是放了啥吗？女儿问：放了啥？我说：放了爱呀！"

我们来访的时候，兰兰已经快三年没有见到远在英国工作的女儿了，"我们几乎天天视频，你看得到人，倒不至于像从前那样，想一个人可以想到撕心裂肺。但真的就是在吃这件事上，你无法安置对她的想念和爱。我的备忘录里有一篇拿手菜，这几年一道道记下来，也有十几道了，就想着等她回来做给她吃。"

兰兰会在每天早晨把当天的食单写在厨房的小黑板上，在她看来，一天中关于做饭的事情，就解决了一半。

兰兰说，她所有的聪明才智和发明创造都放在偷懒上了。做饭也是从懒开始的，比如，如何用最简单的方法做出最好吃的菜；如何采买、分类、收纳才能让做饭更有效率。总之就是让生活变得更简单、更轻松，"简单对我很重要，（简单）就容易做到。每天一打开冰箱，就像查阅国家档案馆般了然，有什么菜，可以做什么？都清清楚楚。"

这些因懒而成就的生活智慧，也让现在的兰兰每天都享受着厨房里的时光：不敷衍，不刻意，听从身体的声音，想吃，又去做了，这一天便是心想事成。

画下季节和
土地的馈赠

住在沙溪，没有大超市，没有大菜市场，只有每周一次的赶街（gai）天。这让兰兰和先生的生活回到了"从前慢"的节奏。今天有什么菜，可以做什么吃的，大部分取决于季节和这片土地的馈赠。

兰兰有十几本用插画加文字的形式记录沙溪日常的手账。她画下沙溪的风土人情、农耕生活；画下花花草草、蔬菜果实；画下沙溪的风物和日常的餐食；画下食材和食谱；画下四季轮转、岁月更迭和一些缓慢而热烈的时光。

初春，她画了一种小野花，当地人叫青花花。她在手账中写道：

冬天刚过，别的植物正在慢慢苏醒，还没有掀开它们的泥被子，小小的青花花就扶着墙根儿绽放了，好像她们知道，百花盛开之时，就没人能注意到她们了。

初夏，她记录下赶集的一天：

云南有食花的习俗，今天的集市上，奶浆花、芋头花、海藻花开了！接连两天的雨后，转晴了，使得集市上的瓜果蔬菜，红黄蓝绿，闪着雨水的光芒。野菌子家族的先锋队员香蕈（香菇）也冲出来了。

端午节，她洋洋洒洒地写下收集香草的曲折和趣味：

在一个雨天，我一路走一路将周围有香气的花草收入囊中，每一种一小点，也有一堆了。有野的，有别人家的，有自家的，还有买的……小荷包就这样束进了沙溪的味道。

关于院子里亲手种的南瓜，兰兰更是操碎了心：

瓜藤上最先开的是雄花，他们总是这么着急，后果就是自作多情，垂头丧气地脱落了。我和雄花一样着急地等待着雌花的开放，今天，我们等到了——第一朵雌花终于羞答答地开放了。瓜瓜花都是只开一天，花瓣就合起来了。我着急了，去找雄花们，可金瓜的雄花却没开一朵……但我还是聪明，找到了另一株昨天的金瓜雄花，把花瓣掰开，带他来到雌花的洞房，对准亲亲，于是他们结婚了。在这里我祝这对新瓜早生贵子！

秋天，她画下沙溪人打冰粉籽、制作炖梅和柿子饼的情景，还画下收割稻谷的场景：

割稻子再吐稻粒，一切都交给了谷神（收割机）。庄稼人在田边等候，有空给我看孙女的照片。用袋子接稻粒的当儿，两口子还拌拌嘴，和着机器的轰鸣更热闹了。

冬末的傍晚，她准备好背篓，背篓里放上颜料、本子，手里拎着小凳子，终于万事俱备地去画土豆花，结果，土豆花却睡着了。

这些藏着鲜活生命力的、属于日常的小确幸，组成了兰兰热闹、可爱、俏皮、纯真的沙溪生活。

要让那花
一直开在心中

兰兰的手账中，还把很多笔墨送给了大地和星空。她曾画下夜晚和朋友、还有远道来访的战友一起躺在草垛上看流星雨的灿烂时刻：

唰！唰！唰！60 颗流星！我们三个人一起数，没有三个人都数不清楚。后来战友就哭了，她说她从来没见过流星——这让她对我感恩戴德，我觉得这辈子对不对她好都无所谓啦。衡量一个人还会不会心动，就是带他去看流星……

昨晚是"双子座"流星雨，晚上7:00眼睁睁的从那窝里爬起来，不一会就看见了四颗流星。盯着天给程刚打电话喊起来看，他依然頭起不来，我說：我们给丫丫看！

在沙溪的每个夜晚，我们饭后都习惯沿河边走那亲且黑的路，只有足够黑且看不清出来，当然常常可以看见流星，再也都要惊呼。

我特别喜欢迪芭詩：

　· 当一切入睡 ·

　　　維克多·雨果

当一切入睡，我常兴奋地独醒，
仰望繁星密布熠熠燃烧的穹顶，
我静坐着倾听夜的而諧；
时辰的鼓翼没打断我的凝思，
我激动地注視这永恒的书目——
光輝灿烂的天空把夜贈給世界。
我总相信，在沉睡的世界中，
只有我的心为这千百颗太阳澎动，
命中注定，只有我絕对它们理解；

抓了把紅豆，就在院子里一颗一颗的两叶荷华花山數著流星 3:00~5:20
一共計七颗。有两颗最亮，其中，我念着綠花，还有两颗是紧随出現的

"天空为我们张灯结彩。"
· 今晚吃辣了喝了，饭后还是老样子～ 散步看星星。

我，这个空幻、織暗、无言的影像，
在夜之盛典中充当神秘注，
天空专为我一人而张灯结影！

Lan Lan
2019. 12. 15.
沙溪夜.

记得初次在沙溪见到兰兰，就惊诧怎么会有这么可爱的人，过着这么可爱的日子。无奈笔拙，尽全力也只能呈现兰兰美好生活的一小角。但就是这一小角，也足以让我们相信，生活有太多种可能性，去让每一个生命绽放。

2022 年 12 月，结束了四年的沙溪旅居生活，兰兰和先生搬回了成都的家，正式办了退休手续。他们计划稍作整顿，就开启把家浓缩于一辆房车之上，将自己放逐于路上的崭新生活。

未来，仍旧在诗和远方中徐徐铺展。

三年前，兰兰在一本手账的最末页，画下了院子里的无花果树，并写道：

走进这个院子快两年了，标记就是无花果，无花果不是没有花，它的花是隐藏在心里的。找到沙溪这件事证明了：在无果的日子里，要让那花一直开在心中，终会结果。

是的，无论何时，无论何地，要让那花，一直开在心中。

菠萝玉米粒

【食材】

红甜椒，胡萝卜，玉米，豌豆，秋葵，山药，植物油，盐

【做法】

1　红甜椒切丁，胡萝卜切丁，玉米取粒，豌豆、秋葵焯熟，山药切丁。

2　热油，放入以上食材，翻炒至熟。

3　加盐调味，出锅。

4　摆盘成菠萝造型。

听见味道，做
一对正当季的
植物耳环

沙溪
的味道 听

窍洞

粒

这粒幸运的
八角代表，请表
述一下你们在
沙溪厨房里
有多快乐

穿洞

穿洞

去虎跳峡徒步，
发现那里有一种
蕨草又大又壮
似被缩小一样飘
落的羽叶，
统些的风吹
少机

穿洞

大自然里的花花草草，不
仅为兰兰的厨房、染坊、
日记提供了源源不断的素
材和灵感，同时也是她梳
妆台上最鲜活的珍宝。

穿洞

沙溪古镇
周围都是山，长
满了松树，会有许
多松果。但迷你松
果很少见。

不时还能闻见沙溪厨房里的味
道，还能听见风吹松林一浪一
浪的唰唰声，涛声依旧。
岁隔可不要停呀！

见 → 家乡
的味道

穿金戴银是贵气
天然花朵是香气

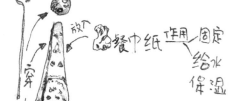

放入 → 餐巾纸 作用 固定
穿 给水 保湿

"四年里在大理沙溪，院子中经常可以闻到老公做精酿啤酒的味道，现在又回到了成都，黄桷兰的味道是家乡的味道，后面还想趁着身体好到处走走，在路上，那是梦的味道！"

回成都种了一棵黄桷兰，幻想兰兰自由。成都人有佩戴黄桷兰的习惯路口，红灯一亮卖花人就能迅速地从车窗递进一对穿着红线的黄桷兰，一元一对就没变过，挂车里、挂衣扣上都行。有些出租车司机挂一堆。这就是

成都人成都人的浪漫。 戴着"高级"黄桷兰耳环去赴约过去的同事。同事。无论怎么摆头晃脑她们都没看见，硬是非要送给她们才能听 才能听见：呀，好香呀。记得那时上班的路上，会买上几块钱黄桷兰黄桷兰，同事间一送 一八卦 好不惬意。再回来，再相聚。依然：依然亲宠开心，但我知道，远香近臭，那遥远的芬芳一直有一直在吸引着我，我还要和大家说拜拜。

王丹

家味道，是经历漫长时日过出来的

王丹说，在北方，饺子、包子、馄饨、馅饼、锅贴儿，发面、死面、烫面，循着季节，许多食材都能包裹，统称吃馅儿。它们又是主食又是菜。不同的食材、和面方式、包裹方式，让整个制作过程变得复杂，特别像人生中的关系。它是一种更整体的把握，是各种妥协、将就、撮合，然后包住、裹严，再经过上笼下屉、煎炒烹煮，所有的脆弱终成圆满。"包"是一个进退、包容、合作、达成的过程，像极了过日子。

连肠胃 人心最近

　　四十英尺是海运集装箱的最大尺寸。这家落成 11 年，曾被《安邸》《国家地理》等媒体报道过的小小民宿，没有上过任何平台宣传，然而，单住客们写的书，就摆满了整整一书架。这十余年，王丹和先生陈真，藉由这个不断清空又不断充满的空间，像收集邮票一样，收集着有故事的人，在一次次抵达与出发、交集与别过中，原地旅行。

　　四十英尺在建造之初，王丹就希望创建一种乡村生活。它是一个探索人与人，人与村庄，人与自然关系的生活实验，是一个在路上的家。这个家为客人提供的餐食，一定是带着爱和关心的家味道。除了温暖舒服的家常早餐，四十英尺还提供晚餐和晚酒，需要提前预订，但不提供菜单。至于晚上到底吃什么，要看王丹和管家当天去菜市场收获了什么，以及在与阿嬢老奶们那些清脆水灵的蔬菜相遇时，有什么样的灵感进来。吃馅儿的可能性极大，吃到肠胃被妥帖照顾，心被美酒飞扬的可能性也极大。

　　"外菜莫入"也是四十英尺一个看似霸道的规矩，王丹介意的不是外菜，而是觉得，既然客人住在这里，自己应该尽心尽力地照顾好他们的饮食起居，让他们吃到家的味道。而家的味道，是经过漫长的时间，踏踏实实过日子过出来的。它不惊人、不惊艳，但温暖、舒服、绵长，安慰心神。

四十英尺没有专业厨师，餐食都由王丹和管家操持，"能促使我去做这件事的动力，是乐趣。知道客人是谁，从哪儿来，和谁一起来，人物关系是什么。这里面有互动，有创造，有对山川、风物、四时不同的理解。这极大地保持了我对厨房的热情。"

资深买菜人

生于 20 世纪 60 年代的王丹，出生在一个把吃喝当正事、大事的书香门第。自小，由母亲变着花样照料的一日三餐，让她在一个自然而然就能感受到"食物可以滋养、愉悦人心"的环境里长大。

循序而食，什么时候吃什么，一年四季不乱，都来自于家传，"母亲特别能干，想吃什么、穿什么，都能给做出来。那时候，所有的人，姥姥、妈妈、姨，工作之外，好像都在做吃的穿的。她们做着活儿，聊着家长里短，是一个特别美好舒缓的过程。我就浸淫在这样一个有趣的环境里，大人们用很漫长的时间，给了我一种审美和标准——所有的性情、思维，都是靠这个熏陶出来的。而成年后的勤奋、自律，也是因为从小被这样好好对待惯了。"

王丹笑称自己是资深买菜人，还没上小学的时候，就经常被母亲派去买菜。她现在依然喜欢逛菜市场，尤其是大理的菜市场，"我们对四时风物的理解，就来自于菜市场。什么菜下来了，什么菜没了。比如，蚕豆从几元（一斤）吃到几元（一斤），然后再吃到几元（一斤）就没了，这个季节也就过去了。"

买菜于她，也是个特别享受的过程，"走过千山万水，只有在菜市场买小菜的一瞬间，你跟当地人，通过有限金额的交易，达成了最美好的相互体恤。尤其是那些老奶阿孃们，洗不干净的手，拿着水灵灵的小菜，半推半就，完全不像超市里被灯光聚焦的菜，你买不买，对于售货员都一样，因为不是她家种的。但老奶阿孃们是要买纸火的，她等着那点钱，她有用。逢着大大小小的节，早几天她们就会带点菜去卖，你会觉得那很具体。"这时候，不管需不需要，王丹都会买，因为这是对一个人生活的赞同。

后天家人

王丹和先生陈真，一北一南，虽然吃喝的风味不同，但对吃喝的信念接近。35 年前他们的第一次遇见，就是从吃饭开始的。30 年珍珠婚纪念时，俩人盘点出，在一起吃了至少两万顿饭。近十年更是天天一起吃饭，"吃喝变成了一个基本关系。维系我们婚姻的不是孩子，也不是情深谊长，是两个人能吃到一起，且吃得美好。能一起吃两三万顿饭，基本上你们对这个世界的认知是不用讨论的。"

在王丹看来，四十英尺是她和陈真的家，是住客的家，是员工的家，也是房东儿子未来的家，"大家没有血缘和羁绊，没有依赖和越界，有的是相互信任和相互支撑。这样的分寸特别好，更多的是凭我们成年后的趣味、取向、价值观而彼此认出，是后天的家人。"她说，她和陈真是"看门的"，"人，不管你是否有子嗣，有去向，都是借过。但这个借过，并不意味着潦草。我们以自己的能力、人品、偏好，背书了这么一个小民宿，自己投资，自己设计，自己打理，尽心尽力做 20 年。为了留住我俩，让我们自己有动力，它首先应该是我们的家。"

就这样，那些和他们相似、相通的人，经由一种缓慢却指向清晰的力量，被一个个辨识过来，像久别重逢。家的概念被确定、被放大，四十英尺成了一次次回来的老客人们在大理的后院。

耍神，神耍

在四十英尺二楼，去往阳光房的双开玻璃门上，各贴着一幅白族甲马（版画），各书"耍神""神耍"，像极了王丹夫妇的人生经历和态度。"我俩是特不正经的 60 后，60 年代出生的人，无论是精神、学术、工作上，都很有追求。他们更严肃，更有目标性。而像我俩这种天生复古，以玩为追求，还玩得这么理直气壮的 60 后，的确不多。"

对于婚姻，他们看得通透："大概率是个实验，有限责任。我们不想过那种非常传统的家庭生活，所以丁克。通过婚姻要什么？就是找个玩儿伴。每年一盘点，有冤的报冤，有仇的报仇，风险出尽，没有饼画，过着，看着。"

陈真说，王丹这么多年行走江湖，全靠包一手好饺子，说一口好人话，有一个好酒量。对此我深以为然。去采访王丹的那天中午，不但亲口吃上了她包的馄饨，还亲眼见证了她每小时包 120 个馄饨的出品速度，而且，馄饨个个模样俊俏、神气十足。

每一次生命的远行
都需要归来

很多事情，最好的方法是经历时间，美酒如此，四十英尺的腐乳、面酱、小菜、饺子、馄饨、包子……也如此。慢慢来，会很快。王丹小时候看邻居奶奶做豆瓣酱，觉得"那是一件多么渺茫的事情啊"。现在她懂了，得活到这样的岁数，才有耐心等着太阳去把酱给你晒成……

王丹的母亲在调馅儿的时候，总是一闻便知咸淡，儿时的她总觉得这事不可信。前年春天，她在一篇文章里写道："母亲走后的第二十四个春天，住在大理院子里的第十个年头，我也早已闻得出馅料的咸淡。盐，是没有气味的。但在它适量的时候，各种食材的味道却会被焕发、调动得刚刚好。荠菜大馄饨出锅儿啦，饱满圆润。汤头上漂着几叶自家种的芫荽。一口咬下去，汤汁饱满、菜色碧绿，口感清脆，心旷神怡。烹小鲜，就是这样一种折转的练习吧。你要经历许多事，走过很长的路，才会俯身在一碗名不见经传的荠菜馄饨前，了然人生若只如初见的味道吧……"

是啊，每一次生命的远行都需要归来，家的味道，便是他（她）归来的样子……

菜肉大馄饨

【食材】

猪肉，苦菜，馄饨皮，盐，酱油，料酒，葱，姜，紫菜，香菜，熟芝麻

【做法】

1　猪肉剁碎，加姜末、葱末，搅拌到上劲儿。

2　苦菜洗净、切碎。

3　混合肉糜和苦菜碎，加盐、酱油和料酒调味。

4　馅料放在馄饨皮中央，将馄饨皮对折，两个角往下，搭在一起，压紧。

5　大碗里加盐、紫菜、香菜、葱末、熟芝麻，用煮沸的馄饨汤冲开。

6　待馄饨煮熟，捞至碗里即可。

王丹说，学做本地美食，就是一个深入当地生活的途径。小雪腌菜，大雪腌肉。乳腐（腐乳）是云南家家户户必备的餐桌酱料。搬到大理的十余年，每年一入冬，她就和管家张姐开始亲手慢制红油乳腐：

在家的味道中，没有精确到几斤、几两或几克，只有靠感觉和经验去拿捏的"少许"和"适量"；没有成本计算，只有最好的食材和最大的耐心；没有 KPI 和效率，只有全然接纳大自然和时间的馈赠。

四季流转，山川风物，主打一个松弛自然。

精选辣椒、花椒，挑拣、去籽、研碎。上好的黄姜，洗净、切丝，阴至半干。

小雪时节，将霉好的豆腐次第加入调料和油盐，入大缸腌制。剩下的，就交给时间。

3~6 个月后，开封取出，绵密咸香，不可方物。十余年下来，这乳腐已成为四十英尺的家味道。

小霉

在厨房，

Part2

求质朴，见天真

用食物爱着世界

Lee

食物，是 Lee 生命中的一道明线。因为喜欢做饭，在海外学医的他决定成为一名厨师；回国后，凭借不同文化背景下积累的国际视野成为获奖无数的西餐大厨，却在光环下跌入职业生涯的低谷；后来，他在新疆的山野寻找回了食物带来的最初的感动，在良食的启发下决定成为一位能够影响世界和生命的厨师；现在的他，经营着苍山脚下一间不断超越定义的餐厅、也是可以站在偶像 Dan Barber 身旁，共同实践可持续食物理念的未来大厨。

食物指引着 Lee 不断出发，又不断回归——在多重的身份背后，Lee 仍是那个爱笑、灿烂的少年，用一餐一食爱着这个世界。

　　20 世纪 80 年代的某天，Lee 的妈妈正在厨房里忙碌。柴火噼啪作响，应和着切菜的节奏。锅里冒出的热汽蒸腾着食物的味道，让厨房里溢满了幸福。

　　她的身边，是站在小板凳上，热切地望着食物的 Lee。刚上小学一年级的他，个子甚至还没有炉台高，对于厨房里发生的事情充满了好奇，"每次站在那个小板凳上，我不仅不希望任何人打扰妈妈，也不希望任何人来打扰我。"Lee 回忆道，当年在厨房收集到的幸福又悄悄地回到脸上。

　　那时候的 Lee 和妈妈可能都没有想到，这个站在板凳上的小男孩，会成为一个把世界浓缩在餐盘里，并通过食物探究生命的大厨。

食物联系着身世

　　Lee 与世界的故事，开始于爱尔兰的都柏林。那是一个 19 岁的少年第一次离开家人，独自面对陌生世界的时刻。飞机降落时，Lee 心里更多的是不安：担心有语言障碍，担心跟不上学业，担心社交问题……但是这些小小的不安，都在他面对厨房时逐渐落定。

　　Lee 知道，就算世界再大，只要给他一个厨房，他就可以拥有对生活的确信。课业繁重的时候，Lee 会提前做一些馒头、包子、饺子，这样不用花太多时间，他都可以吃到让自己安心的食物。当同学们十分讶异地挤在门口，问 Lee 是如何会做这么多菜的时候，Lee 的第一反应是，这些不应该早就会了吗？

　　不过，每次 Lee 都会多做一些好吃的和大家分享，而不会做饭的同学们，则会买来各式食材作为回馈。这也是食物带给 Lee 的第一份礼物——让他在异乡逐渐安顿。

命
运
的
指
引

　　Lee 与厨房的故事很早就开始了。那时候的孩子们没有太多娱乐选择，于是，在爸妈上班的时候，厨房就以不可抗拒的魔力吸引了 Lee。生火、切菜、炒菜、揉面团……妈妈在厨房里做过的事，Lee 全都想试一试。期间虽然不乏切到、烫到手的时候，但当 Lee 把做好的食物端给家人时，爸爸妈妈还有姐姐的惊讶和感动，就是他最初的动力。

　　后来，和很多到国外留学的孩子一样，刚刚成年的他也想通过自己的努力赚一些生活费。于是，他遇到了那个决定命运的机会——一份比萨店的工作。在收盘子、扫地的间隙，Lee 总是喜欢向厨房的圆窗子里望去，里面忙碌却有条不紊的工作深深吸引着他。那里仿佛是一个圣地，仅仅是推门进去都让 Lee 激动又紧张，"第一次进去厨房的时候其实都没有人看我，因为大家都在专注地工作。这边冒着热气，那边是机器的声音，所有人都在忙，只有我一个人呆呆地站在那里，心跳得好快……"Lee 感觉到一种兴奋溢满了自己——"如果有一天，我可以成为他们中的一员，那该多好啊！"

这是命运对 Lee 的呼唤。由于英文不熟练，他就在工作结束时带着字典，把餐厅里瓶瓶罐罐上的单词逐个查过来。从小在厨房的大量实践，培养了 Lee 对于食物的直觉——当看到菜谱中出现的食材，他就能猜到是哪一位厨师做的什么颜色的酱，然后他就会去那个像房间一样大的冰箱里找到它，并且尝尝是什么味道。

这些因为热爱而付出的时间，终于在一次偶然的机会中让 Lee 交上了完美的答卷。有位厨师突然有事不能来，经理让 Lee 临时顶替他的工作。超出大家预期的是，Lee 不仅完全知道要用到的食材，并且已经可以做出对应的酱料。主厨马上带着 Lee 去见经理说："这个孩子不能再洗盘子了！"如同电影情节一样，Lee 成为了一名厨师，又在四年后成为了那家餐厅的厨房主管。

这是食物给 Lee 的第二个礼物：一份无比热爱的工作。

于瓶颈处，
回归自然

　　就这样，本来是去读医学专业的 Lee，选择了厨师这条职业道路。作为一个从小就很听话的孩子，这是 Lee 的第一次"叛逆"。爸妈十分不理解他的选择，在他们看来，医生和厨师的前途是迥然不同的。但是 Lee 坚定地遵循着内心的声音，不断地在厨房里寻找新的天地。最忙的时候，他同时在三家餐厅工作，只是为了可以体验不同餐厅的风格。作为一个"他者"，食物成了 Lee 看世界的独特角度。

　　2010 年，Lee 结束了自己的"他者"视角，回到了中国。带着世界赋予他的多样经历，Lee 将餐盘视作画布，运用不同国家的食材，呈现着世界的别样滋味。这种自由与自如，在当时流行西式简餐的国内西餐行业，带来了一场破局之变。Lee 与搭档阿牛一起，连续三年拿到"广州最佳西餐厅"的奖项。奖项带来的光环，开始让 Lee 的父母意识到，儿子的职业不仅仅是做菜，也折射着他的才华与热爱。但是，获奖后的 Lee，反而进入了职业生涯的瓶颈期。

"之前，我去探索新的饮食风格时，就好像是一条小鱼面对大海那样兴奋。但 20 年的从业经历，让我自以为摸到了餐饮业的天花板。"当那个原本广阔的世界在 Lee 的生活中坍缩成一个平面的时候，面对食材，他的灵感消失了，研发新菜品的热情也开始褪色，Lee 不再享受自己的工作了。这是他在职业道路上的第一次止步。

Lee 停下了工作，约了两个好友一起到新疆自驾游。回到自然的广阔天地，每天要面对的问题变得十分简单：今天去哪儿，吃什么，睡哪儿？食物与 Lee 的关系，一下子回到了本质。那是一种去除他人赋予的光环与期待后，自然地滋养与被滋养的关系。

用食物爱世界

就在那时，Lee 得到了良食基金会举办的"最佳良食设计师大赛"的信息。"正是遇到良食，让我确信自己是多么幸运。因为他们把我自以为的天花板直接给拆掉了。"

在良食奇葩的赛制里，厨师们需要去菜市场，把被人丢弃的"丑蔬菜"捡回来，变成美味；还需要在一个完全陌生的厨房，用随机的食材制作佳肴。一次次全新的挑战重新激发了 Lee 对于食物的热情，他开始跳出餐厅的限制，全面思考食物与人的关系。这让他看到了未来的饮食发展方向——真正滋养人的食物，必定是良善的食物。它们被懂得自然法则的农夫照料长大，浓郁的风味本自俱足；厨师把对土地的关照贯彻在烹饪中，让饮食健康且能够永续；消费者可以吃到活跃于唇齿间的生命力，感受食物的美好。

Lee 的天花板消失了，他面对的是一个全新的世界——厨师亦可以发挥职业所长，成为用食物去爱世界的人。于是，Lee 坚持背着竹筐去买菜，购买本地农夫自然耕作的应季蔬果，研发新菜式时首先考虑蔬食。他研发的"纯素汉堡"，加入了云南菌子增添鲜香，成为让肉食者也心满意足的"晓楼经典"。餐厅提供的 15%的荤食，也全部使用动物福利食材。同时，Lee 践行"全食理念"，将厨余垃圾堆肥，做成酵素，追求全过程无废弃。店里放着 Dan Barber 的《第三餐

盘》，小伙伴们也在不断向客人传递着可持续的食物理念；Lee 在餐厅里亲手种植了可食用花卉和香草，甚至和同事们一起亲手耕种、照顾土地……这些在餐饮界看来完全没有必要的坚持，是 Lee 和晓楼的英雄主义。

"我没有办法接受自己尝过的味道、见过的风景，我的孩子无法尝到和看到。没有人知道如此消耗地球还能持续多久，但我愿意用实际行动与之抗衡。"

2023 年 6 月，Lee 受邀到美国参加工作坊，了解并参与了当地的蔬食创新与推广。一个月里，他深入体验了 Blue Hill 等可持续餐厅，让中国的可持续食物理念与实践传播到了大洋彼岸，还被自己的偶像 Dan Barber 认了出来。对于 Lee 来说，这是意义非凡的回归。他梦幻般地站到了自己打破"天花板"后重新出发的起点，但身份已然发生了改变：与可持续食物理念的创始人一样，他也是以为有能量用食物去爱世界的未来大厨。仿佛置身空谷发出的呼喊，Lee 践行的食物理念与各个餐厅、机构和大厨的践行与倡导相互呼应，形成回音。如涟漪般的感动与启发，是世界给在厨师生涯中经历过低谷，也登上过高山的他，最好的回应。

这是食物给 Lee 的第三个礼物：经由探索人和食物的关系，Lee 也探索着自己的不同身份——是不断突破自己认知屏障的大厨，同时，也是用食物爱着世界的人。

【做法】

1 卤水豆腐取一半切丁，用油炒至金黄。

2 茴香、香菜切碎，紫薯粉丝泡软切碎。

3 将剩余的一半豆腐与步骤 2 的食材混合，加入炒豆腐丁。

4 加入盐、胡椒粉调味。

5 裹上面包糠，入锅油炸至表面金黄。

食简单

豆腐丸子

【食材】

卤水豆腐，茴香，香菜，紫薯粉丝，盐，胡椒粉，面包糠

晓楼之外，Lee 还有一个超级大餐厅——天地自然。森林、山谷、农场、小溪边、戈壁滩……都可以是他的野生厨房。Lee 认为，这是一个可以思考"我和食物的关系"的良好契机。在带什么与不带什么的选择中，我们能够看到自己的需求；在野外烹饪的过程中，体验剥离现代便利生活的自力更生；在离开山野、清理人为痕迹之时，重新思考生命与自然的关系。

如何随时随地埋锅造饭：

喜自然 野生厨房

厨具选择：

1 尽量选择金属锅具，铸铁锅最佳，虽重但抗造。
2 轻便的菜板和刀，便携式保温箱很有必要。
3 可用环保的纸质或木质碗筷。

食材选择：

1 根茎类食材方便携带且不怕挤压、不易腐烂。
2 提前将食材清洗干净，避免在户外找不到干净水源的麻烦。
3 调味以简单方便为主，可带一些半成品或可以加热的菜，大饼、馒头都是不错的选择。

野外烹饪注意事项：

1 注意生火的安全性，最好选择一片空地，清理周围的可燃物，用石头垒灶可提高安全性和烹饪效率。
2 能够带木炭更好，如用柴火，就在引火成功后慢慢续上粗大的柴火。火焰大的时候适合烧水、煮和爆炒，火焰没有那么大的时候适合煎、烤和保温。
3 烹饪地点最好靠近水源，方便清洗和灭火。
4 如遇大风或雨天，果断放弃户外烹饪。

最后，记得带走所有垃圾

做野孩子般纯真的面包和衣服

Rio 和 Locky

澳大利亚青年 Locky 是一个重度攀岩爱好者，中国姑娘 Rio 曾是国内某知名品牌的男装设计师。在他们两人身上，有种迷之松弛。Rio 说他俩是无知者无畏，而在我看来，这笨拙、朴素且勇猛的背后，是完全不在意外界评判和干扰的，对于自己和真味的强大相信。

意外也 不意外的成功

2020 年初夏，Rio 和 Locky 购置了一个其他面包店淘汰下来的二手明火烤箱、一个包子发酵机、一个奶茶店的蒸汽机以及一台巨沉无比的大石磨。然后在大理大学门口那条继人民路之后最有意思的小街，开了一家名叫朴石烘焙的天然酵母面包店。然而，对于他们想要出品的面包而言，这台二手烤箱和包子发酵机的蒸汽都不够，于是 Locky 在烤箱后面钻了一个洞，手动输送蒸汽。由于机器的温度不够标准，Locky 又弄了一个蓝牙设备来监测温度和湿度，一不对劲儿就马上调整。这组令人咋舌的烘焙设备，吸引了一批专业做面包的朋友慕名前来围观，一时轰动了大理的面包界。

然而，这家面包店从开张的那天起，便是逆流而上。2022 年、2023 年，店铺竟一扩再扩，第一代面包组机也早已被更专业的设备替代。朴石的面包，黑，酸，韧，硬。有相当一部分人是不喜欢的。然而，当你慢慢地、用力气咀嚼时，那种粗糙而鲜活的生命力便从唇齿间活跃起来，麦香渐次展开，饱满悠长。问 Locky，为什么会坚持出品酸面包？他说，就是因为好吃，这是他觉得最好吃的面包。

朴石的 logo 是一个有着丰富气孔的面包切面，也像一块石头。Rio 说他俩都很喜欢石头粗糙和原始的感觉。朴石的"石"还代表石磨加工的面粉和烤箱底部的烘焙石——可以让烘烤温度更稳定，面包口感更佳。

八年前，Rio 从杭州辞职，来到大理。那时的 Locky 不爱说话，但很有趣，每天基本都在忙着做饭、做面包、生火、烤面包、整理攀岩设备、攀岩……一直到开店前，这些都是 Locky 的生活日常。开店前的 Rio 则在大理创立了一个小众服装品牌：Rio Hilo。Rio 给它的定义是"一个来自大山的自觉型服装品牌"。何为自觉？Rio 说，就是在能力范围内，做力所能及的环保与可持续，没有人监督，自觉地去做，真诚，不假装。

自从下决心开一家面包店，Locky 便开始在家做各种试验。一开始做出来的酸面包特别酸，连 Locky 自己也接受不了，而且试验品太多又不能浪费，所以有段时间，他们生活中的主食都被酸面团包围，"连早餐做个松饼都是酸的，"Rio 回忆道，"自己都不知道哪一天就吃习惯了。在吃到其他面包时，才发现工业酵母粉的味道很上头，无法下咽。"

为此，Rio 还专门做了深入研究。比如天然酵母的菌群丰富，风味和香气都更天然饱满，但发酵的管理难度很大，会因为天气、温度、湿度的不同而变化，需要不断累积经验，并投入更多的时间精力，每天喂养、观察和调整。而人工培养的酵母粉，菌种单一，口味和香气寡淡，必须要用糖、黄油等其他调味品丰富味道。其优点是可以让任何一个"小白"都能做出面包。再比如，酸味可以刺激唾液分泌，帮助消化，等等。在 Rio 看来，脑子会影响嘴，所以开店初期，她也承担了很大一部分教育食客的工作，直到现在，这样的教育也在持续。当然，经过一段时间的经验累积，他们对发酵程度有了更精准的控制，面包的酸度也降低到了一个能令大多食客接受的程度。

面粉的选择一度也让 Locky 大伤脑筋，甚至让他产生了自己种麦子的想法。好在云南不太具备种出高筋小麦的条件，我们才能在 2020 年就吃到了朴石面包。Locky 退了一步，决定寻找合适的麦子，自己用石磨磨面粉，无奈他选的那台石磨精度不够，兜兜转转，最终选中了一款山东的生态全麦石磨面粉。石磨的低速低温研磨，最大程度地保留了麦子的香气。这也是 Locky 执着于石磨的原因。

生活不应该
那样舒适和方便

Rio 和 Locky 的家在距离朴石约十公里的一个白族村庄。之前，这里是一个牛棚，但因紧挨着农田，拥有极佳的视野，西可观苍山，东可看洱海，他俩便租下来，进行了工程不小的改造。房子小而紧凑，舒适温馨，有个一抬头便可融入田野的开放式厨房。Rio 和 Locky 都很喜欢做饭。Rio 擅长各种实验性的黑暗料理，不讲究章法，却常常意外地好吃。Locky 的料理风格则是他走过的地方、看过的世界。他自创的白族料理之一是"炝炒三白"，就是把饵块、乳饼和包浆豆腐炒在一起。他还在回澳洲探望父母时，做新疆手抓饭给他们吃。

"做朴石的西餐时，我们就要控制一下自己。"Rio 笑道。但他们还是把在地和可持续理念融入了朴石的食单。比如，芝麻菜在整个生长过程中完全不需要农药化肥，他们就会去菜市场买阿嬢们自家种的；他们把云南的火麻仁和蜂蜜，加入羽衣甘蓝沙拉里。Locky 还尝试用山药、藕、藜麦研发素食者的最爱——天贝，用蒜和橄榄油研发素蛋黄酱，还把朴石当天卖不完的面包烤干，打碎，发酵，做了一款味噌酱。Rio 说，可持续是一种生活态度。比如尽可能选择不污染环境的食物，尽量不使用塑料制品（朴石都是用牛皮纸袋打包），尽量选择天然的植物染料做服装。他们还设想把餐厅的厨余垃圾堆肥，自己种菜。

Rio 说，她刚认识 Locky 时，他更像一个苦行僧：所有的衣服都有洞，都是脏的，所有的物品打个背包就可以带走。Locky 说他不在乎，也不需要太多东西，"我想给自己一些约束，让生活不是那么舒适和方便。我想给自己制造一些麻烦，生发出更多的创造力，让这个世界慢慢改善（回归）……我并没有完全做到，但那是目标。"

Locky 说，他的童年有很多时间都在外面疯玩儿，是个野孩子。他生活的澳大利亚有点像那块新疆，天地和人心都很辽阔。Locky 也像那块石头，那块面包，像山的一部分——稳定，平静，有极强的生命力和强大的承托力。Rio 则是两人关系中更灵动的存在，负责突围、推进，让事情有持续发展的可能性，"我们彼此之间的影响非常大，朴石带给我俩的幸福感很强，是我们职业生涯中最认真去做的一个事情。"

真实而朴素，
粗粝而新鲜，

Rio 说，大理就像一个老师，她刚来的时候做了两个系列的服装，灵感都源自大理。其中一个灵感，是大理的人。Rio 当时正在看法国哲学家福柯的《疯癫与文明》，第一章关于愚人船的描述，让她想到了大理人——不太拘泥于一些墨守成规的东西，但又单纯天真，他们热爱自然，真诚自律，道德感反而比一些看起来更文明的大城市高。由此，她设计了一系列功能性、实用性很强，却在细节上有一些反常规的、趣味性的服装。

在大理，有越来越多的人，吃糙米全麦，住老房子，买菜背竹篓、用布袋，吃朴石的面包……这就是大理和大理人的质感。

朴石的早晨是它最迷人的时刻，新出炉的面包完全管不住四处探索的香气。10点以后，客人渐渐多了起来：有的要杯咖啡、一份可颂，坐在外面，边吃边看街景，每隔几分钟就得和来来往往的街坊邻居打个招呼；有的带着狗狗，打包一袋面包，站着与 Rio 或 Locky 聊几分钟的天，再慢悠悠地离开。和昨天一样明媚的阳光斑驳地打在户外散落的草垫子上和小桌上，还有一张张不慌张、不着急的脸上。这就是 Rio 和 Locky 想要分享的食物和生活吧，真实朴素，新鲜生动，粗粝深沉。

朴石凯撒沙拉

【食材】

芝麻菜，面包丁，初榨橄榄油，圣女果，柠檬，陈年帕玛森奶酪，盐

【做法】

1　圣女果刷橄榄油，烤至半干。

2　芝麻菜洗净、甩干。

3　柠檬挤出汁，圣女果部分挤出汁。

4　将步骤 3 中的酱汁和橄榄油、盐、少许帕玛森奶酪混合成酱汁。

5　面包丁烤酥，加入芝麻菜和剩余的烤圣女果。

6　吃前浇上酱汁，撒上帕玛森奶酪，拌匀即可。

天然酵母版的 爵士乐面包

喜自然

最近这一年多，Rio、Locky 和大理的几位好朋友组建了一个零基础起步的爵士乐队。大家每周都会聚在朴石面包隔壁的小房间练习。为了庆祝本书的出版，布谷四季联合朴石烘焙，将特别推出一款爵士乐面包，以飨读者。

Rio：自由、灵活、多变、即兴，这些关键词除了精准地描述了爵士乐的风格，用于形容我们做面包的天然酵母（sourdough）也是恰到好处。在大理这个包容性强、自由、随性的大环境里，聚集了我们这群热爱爵士乐的来自天南地北的小伙伴。每个人心里的爵士乐细胞在大理这片独特的土壤融合、发酵，碰撞出独特的味道。可能就是因为天然酵母面包和爵士乐的这种相似让我们着迷，所以我们希望创作一款爵士乐面包，让来自新疆的全麦面粉、法国的高筋面粉、大理的山泉水，还有各色当季的食材，被天然酵母唤醒它们身上更活跃的一面，和微生物一起，像音符一样跳跃流淌起来。

扫码即可听到 Rio&Locky
以及朋友们共同演绎的爵士乐

大音希声，大味至真

阿坚

曾经有一度，音乐人阿坚想去精进厨艺，做一个厨师。再后来，他在大理的山水之间盖房子、种地，带孩子们做饭、玩音乐。最后，他把所有的精力收了回来，全然倾注在自然音乐的探索上。不过，厨房仍旧是他的音乐现场。

会唱歌的蔬菜、碗和锅

阿坚的厨房不大，古朴的白族老式家具以及各种陶罐、干花，为这个空间镀上了一层淡淡的旧日时光。

阿坚说，他很喜欢的一道菜是烤杂蔬。于是，我们便跟着他去菜市场买了一堆新鲜的蔬菜回来，分类、清洗、切拌。然后，在我们毫无心理准备的时候，厨房音乐会便开始了——剖开洋葱，一环一环，阿坚看到的是 loop 循环；噔噔噔噔……噔噔噔噔……胡萝卜的切面宛若声波，有起有伏，阿坚立刻给出了节奏：咚次次次次……咚次次次……

"我很喜欢西蓝花咬在嘴里那种脆脆的感觉，最喜欢的吃法就是把西蓝花煮七分熟，捞出来，加上好的生抽和少许芥末拌拌，就好吃得不得了。所以西蓝花一定是大调，节奏型也是明快的。蘑菇则不一样，它梦幻可爱，不像是这个星球的植物，所以很适合用电子音乐去表现。"西蓝花和蘑菇，这时正在阿坚的手掌上安静地接受点评。

切完所有蔬菜，阿坚捧出了一个超大陶碗，顺手敲了几下，居然有悠远清脆的声音徐徐荡漾开来。所有的蔬菜入碗，加橄榄油、盐和香草碎抓拌，等待着分批次进入烤箱。此时，阿坚又翻箱倒柜，取出两个电饭锅内胆，盛上水，轻轻敲击。厨房瞬间化身为颂钵音疗空间，"厨房是一个特别好玩的地方。我有一个习惯，看到任何一个物体，都想去敲敲它，听听它的音色，未来也许就会用到自己的音乐里。"

突然觉得，跟阿坚待在一起，啥啥都是乐器，哪哪都有旋律。

慢的美和可贵

14 年前，玩乐队的阿坚从广州搬来大理。他在大理第一次听到古琴声的一刻，便是他音乐探索乃至人生的分水岭。在这之前，他追求速度、技术和自我的表达；在这之后，他开始在松的、慢的、静的状态中去探索音乐。阿坚说："做自然音乐，并不是我在做什么，我只是给大自然留出了足够的空间和敬意。"

阿坚的家乡临海，他小时候最喜欢去的却是依山而居的舅舅家。舅舅家的表哥、表弟、表妹，会带着他去放牛、砍甘蔗、游泳、抓鱼。他一直记得那样的画面：清澈的小溪哗哗流着，清脆的鸟鸣不绝于耳，农人们在地里耕种劳作……"夕阳西下，我们骑着水牛，蹚过小河，水牛角大大的、弯弯的，夕阳大大的、红红的，我们就这样慢慢地回家。"

　　阿坚刚搬来大理的时候，那样的田园牧歌还随处可见。秋天，农人们拿着镰刀在金色的稻田里收割，美得就像画。也是在那个时候，他意识到了慢和美的可贵。

　　有一段时间，阿坚住在苍山脚下。他经常会拿个蒲团到山里静坐，"现代人被填得太满，生命没有留白。你看古代的诗人、画家，会去赋一首听松诗，画一幅听松图，你会觉得好可爱啊，怎么会有人做这样看似没用的事。他们在抚琴前，也会沐浴、更衣、焚香。实际上，这就是一个让自己慢下来的过程，待再去抚琴时，心境已经不一样了。"

　　在阿坚看来，无论美食还是音乐，抑或其他艺术形式，其实都是创作者内在状态的呈现，是心的投射。心境是怎样的，它投射出来的世界便是怎样的，作品就会呈现出怎样的状态，无法假装。

10 年前的某个夏日的午后，东边艳阳高照，西边大雨滂沱，洱海上空挂着一弯大大的彩虹。阿坚在屋檐下，看着飘飘洒洒的雨滴，突然就想做一把雨滴形状的琴。于是，他立刻开始画图制作，闭门造琴，在木工房泡了半个月没出门。

阿坚用水滴琴为我们弹奏了一首《春樱成雨》。满城粉色云朵般的春樱，淅淅沥沥的小雨，湿漉漉的空气，淡淡的泥土芬芳……在这一刻，音乐不仅有声音，有情绪，还带着色彩、味道和一帧帧画面。当一个艺术形式能直达心灵的时候，我们便会用所有的感官来和它相遇。语言和文字在此时都变得苍白。因为它在那一瞬间就表达了所有的意思，仅仅在几个最简单的音符中，就容纳了复杂而宏大的情绪和故事。

这也是阿坚最近几年，会一次次走到都市里，为成人和小朋友带去自然音乐的原因："大自然会给到我们无穷无尽的启发和慰藉。当听到模拟大自然的声音和真实采集的自然声音时，就会有人不由自主地落泪。"阿坚从不认为自己做的东西叫音乐，他更像是在做自然声音的研究和试验，而他则是一个自然声音的研究者。

除了水滴琴，阿坚在这十年中，也一直在用最传统的方式手工制作古琴。他的木工手艺、大漆手艺也在逐年精进。一点一滴，日复一日，由粗钝入精微，由形到神，这个过程，更像是一种修行。

和弹性

生命的丰富性

每年暑假，阿坚都会腾出所有的时间，带着从全国各地来到大理的孩子们，去大自然中采集自然的声音，感受自然音乐的美妙，"我想让更多的人、更多的孩子知道，音乐是可以玩儿的。我们去到自然里，大山里，有时候感觉并不是我在做什么。我们听着溪流，踩着松针，阵阵松涛拂过，自然就会有些东西豁然开朗。"

　　通过这样的体验，阿坚也希望，被快节奏的生活和学业裹挟着的孩子们可以重拾感官上的真实体验。他认为，没有这种深入的感官体验，就无法创作出真正有生命力的作品，"就像食物一样，当我们跟土地、种植、食材有了更深的连接之后，厨房里的工作不仅会变得快乐，做出的食物也会带着爱和幸福。生命是可以很多样的，为什么我们一定要让孩子成为钢琴家、小提琴家？当我们通过这样的音乐体验，看到生命的丰富性时，就不会再钻到一个死角里了。"

　　近期，阿坚在和朋友们一起创作关于二十四节气的音乐，"二十四节气来自中国的农耕文化，来自四季的变化，恰恰是这样的变化带来了美。一旦我们可以接受变化，我们就能欣赏它，感受它，体验它，心就会变得更有弹性和韧度。也会拥有更多维的视角，甚至是欣赏的态度，去面对挑战和困难。"

大音希声，
大味至真

　　谈笑间，一大盘烤蔬菜已经出炉。"烤"也是一个非常有意思的过程，不仅提升了蔬菜的香气，那种蔬菜天然的甘甜本味也被封锁和强化。由于烤的时候有次第顺序，所以各式蔬菜也呈现出不同的口感：或粉糯，或清脆，或弹牙，或软烂。这般既简单又丰富的本然滋味，也是阿坚特别喜欢如此烹制蔬菜的原因，"我常常会被这样清淡、纯真的味道击中。"

　　阿坚说，来大理之后才知道什么是生活：会欣赏一餐一食，会给餐桌插一束花，会去到山上，踩着软软的松针，听松涛阵阵，会在遇见一朵野花时认真地蹲下去看它……"保持简单和天真是最不容易的事情，也是我一辈子都要去努力的方向。中国人骨子里，始终都有对至简、至朴、至真、至诚的追求。大音希声，大味至真。无为的自然之声、自然之味，也是我这么多年在实践与探索中的心之所向，身之所往……"

　　是呀，无用之用方为大用，无为之美方为大美。

蔬菜的交响

【食材】

土豆， 西葫芦， 洋葱， 胡萝卜， 西蓝花， 蘑菇， 青椒， 红椒， 喜马拉雅岩盐， 橄榄油， 黑胡椒粉， 香草碎

【做法】

1　将所有蔬菜清洗，或切丁，或切片，或撕成小朵。

2　将蔬菜装入大碗（盆）中。

3　加喜马拉雅岩盐、橄榄油、黑胡椒粉、香草碎拌匀。

4　烤箱铺烤纸或锡纸，预热至 210℃。

5　分批次加入蔬菜，熟得慢的先放入。

6　待所有蔬菜烤熟出炉，装盘即可。

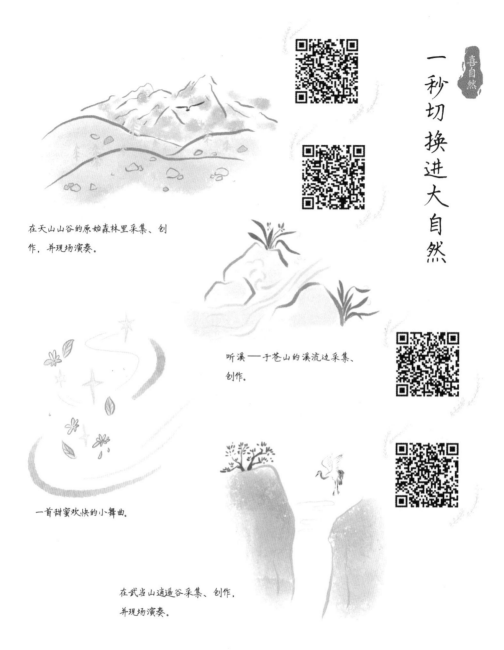

一秒切换进大自然

喜自然

在天山山谷的原始森林里采集、创作，并现场演奏。

听溪——于苍山的溪流边采集、创作。

一首甜蜜欢快的小舞曲。

在武当山逍遥谷采集、创作，并现场演奏。

去到大自然中，采集自然的声音，并在天地之间与大自然合奏，是阿坚"玩音乐"的方式与日常。也因此，阿坚的音乐有令人一秒切换进大自然的魔力。

阿坚说，音乐是极主观的艺术，同一段音乐，每个人听到的感受会不同，它和我们的内在经验有关。扫描本页二维码，欣赏阿坚创作的四个音乐片段。插图描绘了这四个音乐片段的创作背景，但并没有给出一一对应的关系。那么，就让音乐脱离任何标签和定义，和我们的内在经验直接相遇吧！

耿苓

让生命有一个温暖的回归处

耿苓就像是她案几上的黑陶与荼蘼：黑陶沉敛端庄，荼蘼寂静轻灵。一碗粥、一张饼，铺就了她人生中温暖柔软的底色。日复一日使用双手的练习，让她的生命有了安定的能量来源和深深扎根的力量。

野生主厨

四月末的大理，花事将尽，开到荼蘼。

耿苓说，中午就吃《山家清供》里的荼蘼粥和脆琅玕吧！于是，清晨随她一起沿着乡间小道颠簸骑行，不久便遇到了一大片"开落春风山寂寂"的荼蘼。荼蘼花朵洁白馥郁，枝形优雅带刺，美好却也高冷。摘了半背篓花朵，耿苓又顺手剪了几根枝条。回到家来，将枝条插瓶，花朵则依《山家清供》的做法：采花片，用甘草汤焯，候粥熟同煮。

在耿苓看来，《山家清供》不是一本食谱，它提供了一个巨大的想象空间，赋予了平淡生活更多的趣味和美好，"给一食一味取一个风雅的名字，这美味便被注入了情感，有了你的精神在里面。"

10 岁前，耿苓身边更多是奶奶的陪伴。20 世纪 90 年代的北方乡村，食材还没有那么丰富，耿苓又是天生的素宝，奶奶便会花很多心思给她做好吃的：皮儿薄到透明的小馄饨，小兔子馒头，细细软软的面条，香喷喷的素包子……10 岁后，耿苓承接了照顾好自己和家人日常餐食的厨房工作。她学会了擀面条，烙大饼，蒸馒头，做煎饼……

　　"我从小做饭就好吃，味觉的敏感是天生的，我就是知道食物怎么弄会好吃，食材怎么搭配是合适的，就好像你在一开始就可以预见到结果。"关于食物的练习，就这样日复一日，她也在这样的练习中越来越坚韧、越来越有力量。

　　耿苓在 2015 年定居大理，彼时，她和朋友在古城开了一家小小的素食餐厅——悠然间，耿苓操刀掌勺，为食客提供饺子、面条、粥、小菜等简单的面食料理，"那时候觉得大理太美了，植物、蔬菜都那么丰富有趣，每次去个菜市场都兴奋得不得了……可能就是大理这些美好给我的自信吧，我竟敢做起了主厨。"耿苓笑道。她们用生态种植的蔬菜、有机调味品，像手艺人一样，做干净有能量的面食，很快就吸引了一些常客。耿苓动作也不快，慢慢地做，客人们也愿意慢慢地等，有时候还会直接上来帮厨。吃完饭，大家也不着急走，聊聊天，发发呆。只可惜，因为食材及其他成本太高，做了几个月也没赚到钱，只好关店。

让生命有一个回归处

　　19 岁时，耿苓辞去了家乡的工作，第一次独自背包旅行。她选择了景德镇。到了那儿，她很快便决定留下来学陶，"也许是小时候家人给到了足够的爱和允许吧，我性格中有任性霸道的一面，也有非常自信确定的一面，生命力很强。"只在小时候玩过泥巴，完全没有任何艺术训练的耿苓，就这样凭直觉为自己选择了愿意为之精进一生的事业。

　　耿苓喜欢黑色，"黑色有一种气质很吸引我，沉敛，端庄，高级，古朴……"也因此，当她来到大理后，就很自然地与剑川黑陶相遇了，"相比民器，我更喜欢端庄规整的礼器，严谨沉稳，黑陶最能表现这样的气质。"

　　很多时候，耿苓都是慢的。她住在苍山脚下一个白族村庄的一栋老房子里，小小的院子，小小的工作室。她喜欢自己做泥，光是这个过程就需要几个月，"朋友会说，你这样太麻烦了，效率还低，买个机器不就得了？其实正好不是，正因为我有前面这个工作，我对泥巴的情感才会更不一样。而且我也不想一直不停地、机械式地去做一堆陶器。能量是守恒的，我更愿意做一些好作品来。而且，玩泥巴这种体力活会让我觉得很满足，很滋养。"

　　耿苓的朋友圈里，只有干净隽永的生活日常和工作日常。她的作品大多以口碑相传的定制模式出售，"我希望当一个人看到我的作品时，只消看上一眼，就能感受到你生命的分量。"

　　耿苓也会带徒弟，但她只收愿意跟着她长时间学习的孩子，"并非一定要成为手艺人，但任何手艺，都是慢慢磨炼心性的过程。当一个手艺慢慢长在身上时，它就变成了安定的能量来源，让生命有了回归处。当我们可以在一门手艺里得到满足和滋养时，内在也会因此获得更大的力量，很多东西就变轻了，生命便不会太过脆弱，不会被轻易压垮。"

美和真，
和孤独

　　耿苓说，玩泥巴这件事，最初一上手，都是自己的样子。一个人最初若能在作品中看到自己，作品感就会被保留，如若看不到，他就会不断去尝试别人的风格，最终变得匠气，丢掉了最初、最真、最美的东西。美，不是完美，它首先更接近于真，更接近于那种能直接打动人心的东西。在耿苓身上，有一种寂静、清透、疏离之美，"我天生就喜欢东方的，意境的，自然的东西，喜欢那些有韵味的，在细微之处呈现美好的事物。比如我爱茶，无法欣赏咖啡；我喜欢清净的食物，无法欣赏那些重口味。"

　　从 19 岁开始，耿苓一直独自生活。她刚搬来这个村子的时候，周围还都是被村民舍弃的老房子，"孤独这件事谈不上适应，它是一个事实，你只能选择接纳。然后慢慢地去做东西，慢慢地你会发现，你的感受越来越细腻，状态也越来越稳定，于是，力量便真正从孤独里生长出来。哪怕你什么也不做，就是去感受这种孤独，就是待着，也仍然是一种生长和扎根的状态。有时候，到了傍晚，月

亮升起来了，整个院子都被月光照亮了，一切都那么安静，然后这种孤独，就慢慢地转化成了一种寂静，这种寂静就是有力量的，它不是一个难熬的东西。有时，当我安安静静地做饭或者做陶的时候，一阵风吹过，它是有声音的，但你又觉得这是寂静的，因为你的内心安稳。"

一碗粥和一张饼

作为一个资深的大理新移民，耿苓对于大理特色的食材和料理方式，早已谙熟于心。平淡的一日三餐和平静的生活，因这四季流转，平添了一些期待和惊喜。赏花吃花，摘豆煮豆，采菌子烹菌子……她总能用最简单的方式，把这些季节和大自然的礼物烹煮成美味，"我不太追求味觉的享受，也不喜欢繁琐的东西，但食材一定要干净。有时候就是熬一点粥，或者就是用各种蔬菜，如芹菜、胡萝卜、西葫芦，切碎了跟面糊混在一起，煎一个小蔬菜饼，都会很满足。或者说，我其实内在是讲究的，我更在意食物有没有蕴含着心意、能量和爱。"

问她，如果你出门奔波了十几天，最想念的会是什么样的食物？她说：是一碗暖暖的粥和一张现烙的大饼吧——即使经过很多地方，吃过再多美味，那深藏于灵魂深处的，依然是小时候的味道。

　　耿苓的小院不大，却种了十几种植物。每个季节，都有不同的花朵开放。春观鲜花，夏看浓荫，秋听风雨，冬赏蜡梅，时时处处都有赏心悦目之事。

　　一人，一狗，一屋，一院，柴米油盐，三餐四季。

　　她把自己深深扎根于大地，做有生命分量的黑陶，过内心安稳的生活。

脆琅玕

【食材】

莴笋，姜，盐，糖，醋

【做法】

将莴笋去叶、皮，寸切，瀹（煮）以沸汤，捣姜、盐、糖、醋拌，渍之。

（出自《山家清供》）

半个月下山买一次菜，
如何吃出自由？

2023 年 5 月，耿苓搬到了偏僻安静的苍山西镇，过上了她向往已久的山居生活。由于交通不便，加之不愿频繁下山，耿苓半个月才下山一次，采购生活所需。因此，采购、规划好一日三餐就显得格外重要。

深居简出的新山里人耿苓，在脱离物质束缚的探索中，实现了新的自由。住在山里这段时间，烤面包，做酸奶，做树莓酱，用番茄做酸汤……没有了城市生活所提供的便利，以前轻易能买到的食物很多只能自己动手做，她也因此学会了很多生存技能，带来了不一样的思考方式。

早餐日常
自制酸奶+奇亚籽+坚果+水果
恰巴塔/贝果+牛油果+鸡蛋+蜂蜜柠檬水
五谷浆+蒸玉米/鸡蛋/红薯
甜米酒冲鸡蛋

午餐、晚餐日常
虎掌菌焖饭
咖喱饭
酸汤拉面
番茄意面
米饭配汤菜
烙饼、小米粥，配两个小菜

有几次，蔬菜基本吃完了，还不想下山，耿苓就用鸡蛋和常备的干菜组合一下煮鸡蛋面，或者做凉拌菜、汤菜配米饭，则又可以缓两天再下山。

山里温度低，能常温保存的食材有很多，如土豆、胡萝卜、洋葱、山药、鸡蛋等可常备。

新鲜蔬菜，如番茄、辣椒、西蓝花、茄子、包菜、大白菜、羽衣甘蓝等也能存放十天左右，也会搭配着准备足够的量。

多数绿叶菜只能存放两三天，通常一次买两种，最先吃完。水果会根据季节适量购买。

另外，还会常备谷物、坚果、芝麻酱、黄豆酱、酸汤以及各种干货。

下山之前，耿苓会做一个采购清单，计划好半个月的生存所需。

台北—纽约—北京—大理。从联合国环保官员，到大理一个小渔村的环保民宿主人；从环保政策和气候大数据，到苍山上的一个塑料袋、一片包装纸；从打着"飞的"满世界开会，到脚踩大地，躬身料理一片菜园……梅真用半生时间，跨越千山万水，住进了想要的生活，回到了精神的故土。

梅真

把爱种在山川、溪流、田野和村庄

连接美，连接土地与食物

梅真说，她去过很多很美的地方，能让她感动的却不多。美国很美，有很美的峡谷，河流，森林……但中国的美，却是让人想流泪的美，会让她从内心深处感动。

拜访梅真的那天，桂花正满院飘香。这所叫做"绿社"的环保民宿，曾经是大理才村的村公社所在地。2004 年，梅真带着 3 岁的女儿从北京来到大理，把家安了下来。她希望给女儿一个真正的童年，"作为妈妈，这是我帮女儿做出的最棒选择。那时候的才村更野，出去都是泥巴路，到处是青蛙、小鱼和小虾。女儿现在回忆起来，也觉得这是她最幸福的童年时光。"

2016年，辞去公职再次回归大理的梅真，按照全球可持续旅游酒店的标准，把这个院子改建成了一个生态环保民宿加学堂，希望用更柔软、更接地气的方式分享她的绿色环保理念和美好健康生活。

绿社的所有植物似乎都澎湃着无尽的生命力，无论是大树、小树，藤类、蕨类植物，青草、苔藓，还是各种赏花类植物，无一不气势磅礴，光彩照人。这些都是梅真的宝贝，她会对着每一株植物说话，会大声赞美、感谢每一片叶子、每一朵花、每一颗果实。离村口不远，她还租了一小片土地，用生态的方式种植蔬菜，供给自家和绿社的客人。

梅真还经常结合自己的生活美学，邀请身心疗愈、蔬食料理领域的老师在绿社开课，于一蔬一果，一餐一食，一花一念中，连接土地和自然、食物和厨房，以及生活中细碎而微小的幸福。

种爱，种大理
最甜的菜

梅真邀请我们去菜园摘菜。只需换上一双高跟鞋，戴上一串珠宝，就可以出席晚宴的梅真，却笨手笨脚地开上了灰头土脑的"三蹦子"，带着漂亮的陶质厨余罐和后座上即将笑岔气的我，"突突突"地穿过村中的小巷，气场强大地奔赴菜园。

菜园里的蔬菜，一个个也都神气得不得了。梅真像对待孩子一般，摸摸大南瓜，夸夸胡萝卜，赞美香菜、生菜、芝麻菜……整个园子顿时有了幼儿园的既视感，蔬菜宝宝们都在梅真毫不吝啬的爱和褒奖中闪闪发光，"我相信它们能感受到我的爱和欣赏，采摘时，我也会感谢它们滋养我的身体。那些开了花的、长老了的蔬菜，我也舍不得丢，一部分留给虫子吃，一部分会带回来，装饰餐桌。"

　　曾在大理旅居的美食评论家孙霖，就最爱梅真园子里的蔬菜：完全没有土壤优势、环境优势，也不太懂生态种植的梅真，却种出了大理最甜的菜。究其原因，是她给了这些菜更多的爱和赞美吧！

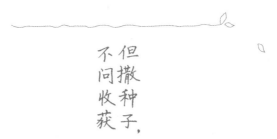

不但撒种子，
不问收获。

　　梅真在菜园的一小块空地上挖了个坑，把陶罐里的厨余垃圾全部倒进去，然后用土覆盖上，"这些厨余重归土地，日后就成了滋养其他植物的肥料。"在绿社的每一个客房里，也都有这样一个漂亮的厨余罐，罐子旁会有一个小木牌提示住客：果皮、茶叶、有机垃圾可放入罐内，我们会回收到绿社生态菜园堆肥，谢谢您！

梅真说，她不会硬塞环保理念给他人，"这些年，我们的生活都太舒适了，而且从人性的角度看，任何人都不喜欢被剥夺。所以民宿一定要给住客保留足够的舒适度，我更希望通过空间的美和生活方式，传递一种自在美好的环保。"

她带着我们，一间间去看那些被葱茏丰盛的植物渲染着的客房，生态酒店会尽量使用在地材料，绿社客房里的木头，都回收自当地村民拆掉的老房子。会呼吸的绿植墙砖，是石头废料。客房里也没有一次性塑料制品，而是选择了麦秸秆制成的牙刷和梳子、大理本地出品的纯天然洗浴用品、清洗消毒后可重复使用的纯棉布拖鞋……每一种洗漱用品都有各类尺寸的小布包，也会消毒重复使用，"客人看到绿社把细节做得那么用心，也都会按照我们的建议来做，我们也会时时记得感谢大家与我们一起保护地球。"

梅真在 12 岁时，被父亲接到美国生活，18 岁考上哥伦比亚大学，毕业后进入通用电气工作。然而，她却"好害怕一眼可以望到底的人生，就想换一个可以帮助到人类、地球的工作。"于是，梅真转行进入环保领域，并回到中国，之后进入联合国开发计划署，参与中国气候变化的环保项目，"我之前的工作，好像更宏大，眼里嘴里都是环保政策、报告和数据。而现在，我真正触碰着土地，以真实的生活分享时尚美好的环保。表面看上去很慢、很微小，也许更深层吧。不过就像一个圆，无所谓上下。无论做什么，都是在播种子，播下一百个种子，哪怕只有一个开花，我也会很开心。"

捡垃圾必须是
一件美好的事情

再访梅真，是参加绿色大理志愿者小组每月组织的苍山捡垃圾活动。这个志愿者小组是梅真在 3 年前牵头成立的，日常还会去大理各种生活集市上宣传、践行垃圾分类；每月还会举办一次物物交换市集，鼓励大家物尽其用，尽量减少不必要的消费。

那天，我们一边爬苍山，一边捡拾黑龙溪周边的垃圾。捡垃圾的队伍这一次格外庞大，大大小小 30 多号人。有大理新移民，也有大理本地人。其中小朋友就有十多个，最小的几个才四五岁。

对于梅真来说，捡垃圾必须是一件美好的事，这样才能吸引更多人加入，"我们一边欣赏着苍山美景，呼吸着负氧离子充沛的空气，一边把给我们滋养的苍山和溪流清理干净。本质上说，我们做环保并不是为了地球，地球毁灭了会再生，而人类呢？比如小溪边的塑料袋、塑料瓶，最终会分解成微塑料，随着溪水流进洱海，再跟随自来水管道进入我们的身体；比如，我们终将与那些被污染的土地上长出的粮食和蔬菜，在嘴巴里相遇。"

　　梅真停下来喝了口水，她说，做事情要先照顾好自己，才能更持续更长久。她会突然蹲下来欣赏一朵小花，也会拐入隐于苍山中的书院，讨杯茶喝。她鲜活、真实，全然生活在当下。

支持每一个生命
去最大地绽放

　　梅真小时候跟着爷爷奶奶生活在台北，"那时的台北周边还有许多田野、大树和小山。我像个没人管、膝盖永远有伤的野孩子，上山爬树、抓虫子，下水抓虾、抓蝌蚪……或许那时我就爱上了大自然，抑或大自然一直存在于我的身心。"

梅真的女儿真真，如今正就读于哥伦比亚大学和茱莉亚音乐学院，学习哲学、文学和作曲。梅真说，女儿创作的新古典音乐，大部分人会觉得不太好听，旋律感不是很强，有时音符与音符之间会有大段的留白，以为曲子停了，结果又开始了。梅真反而觉得，这是非常不一样的听觉体验。她觉得曲子里的那些空间特别有意思，她最喜欢的也是那些空间。一个自由、自信的生命，才可以如此天马行空地在音乐中玩耍吧。

在梅真看来，陪伴一个孩子成长，不是去开发她的天赋，而是不要阻挡她的天赋，"在自然中长大的孩子会很有想象力，因为玩的东西都不是花钱买的。小孩子和植物一样，要给到她足够的时间和空间，支持她的生命最大可能地绽放。如此，她才会拥有生而为人最大的幸福。"

把"让我们的世界更美好"作为自己一生使命的梅真，想必已经品尝到了最大的幸福。梅真很美。聊天时，采摘蔬菜时，烹煮食物时，捡垃圾时，都很美。她的美，有天生的丽质，更有修养和阅历润泽下的高级和优雅，还有内心对生命、对天地自然最大的善和爱所散发出来的光彩。

祝福梅真，祝福我们的地球，以及拼尽全力要去最大绽放的每一个生命。

全食物胡萝卜浓汤

【食材】

胡萝卜，芹菜叶，香菜根，八角，丁香，桂皮，柠檬叶，香叶，盐

【做法】

1　胡萝卜、芹菜叶和香菜根洗净。

2　胡萝卜切块，入蒸锅蒸熟。

3　干锅放入芹菜叶、香菜根、八角、丁香、桂皮、柠檬叶和香叶，爆香。

4　取出芹菜叶，锅中加水，大火煮开，转小火煮 30~40 分钟。

5　留几块蒸熟的胡萝卜切小丁。

6　料理机中入蒸熟的胡萝卜和熬好的香料汤，打成浓汤，加盐调味。

7　装碗，撒胡萝卜丁和香草装饰即可。

梅真曾在绿社几次盛大的晚宴和家宴上，邀请菜园里的蔬菜出任餐桌的颜值担当，比如带着叶子的胡萝卜、带着强健根系的芹菜，以及开了花的蔬菜等等。在她看来，刚刚离开土地的蔬菜所蕴含的生命力和自然之美，会让客人与餐桌上的食物、土地产生更多连接。

布置餐桌最好用自己种的或去农场采摘的胡萝卜。观察她，发现她的美，感恩她滋养我们的身心。也可以捧在手里闻闻她的香气，以便与她有更深的连接。可以打开五感，享受晚宴啦！

将带完整叶子的整株胡萝卜放几只在香槟杯或其他高脚杯中。餐桌若是长桌，可三、五个隔开放，若是圆桌则可以放在三个高低不同的杯子里，置于桌子中心。

用胡萝卜布置宴会餐桌

喜自然

把胡萝卜切成条，带些叶子，插在几个矮一点的玻璃杯中，与高脚杯拉开层次。旁边配个蘸酱，即可观赏又可食用。此为第二个层次。

剪些好看的胡萝卜花作为餐盘花。

拇指大的小胡萝卜，用来做筷架。

把多余的胡萝卜叶或花插在更矮的容器里，如小茶杯、小酸奶杯等。如果是长餐桌就隔开放，如果是圆餐桌就放在高脚杯和玻璃杯的外围。

纷繁过后，

Part3

见本心

经由食物，完成一个生命最伟大的自我教育和自我实现

孙霖似乎拥有一种与生俱来被食物不断启迪的天赋，他和食物之间，是一个自我醒来、自我探索、自我觉知、自我参悟的故事。在这条以食载道的路上，他完成了一个生命最伟大的自我教育和自我实现。

食物不该
只是饱腹

孙霖的童年和少年还处在物质相对匮乏的时代，忙碌的父母能给到他的餐食，只能停留在饱腹的阶段。

高中时，别人家的孩子都在琢磨如何考进一所理想的大学，孙霖却在思索，食物不该这么粗陋和难吃。于是，他买了一本厚厚的食谱，在厨房里挥舞着炒勺，开始了美食探索。

彼时，父亲的几位外国友人想学中国菜，正在潜心研究烹饪的孙霖正好有了用武之地——他不但请友人们吃饭，还把自己现学的各式大菜做法现卖给了他们。

于舌尖上
领略世界

大学毕业后，孙霖在杂志最辉煌的时代，进入京城媒体圈，成为一名美食编辑。辽阔的美食世界就此为他打开。从王府饭店到使馆区，从朝阳公园到三里屯，从中国菜到意大利菜，法国菜，俄罗斯菜……从特色小馆到米其林餐厅，从创新菜到时尚菜，从大荤到大素，从奢华到禅味……一个吃货的热情和一个美食写作者的热情都在这一时期被点燃了。他的味蕾也经由这种丰富和广博，积累了更多的体验和见识。他对世界美食的历史、文化、食材特色、烹饪方式乃至审美，都有了更系统的了解。

然而，某种不满足还是产生了。孙霖觉得，在这份看起来光鲜甚至令人艳羡的工作中，始终缺少一种独立和自由——毕竟吃人嘴软。

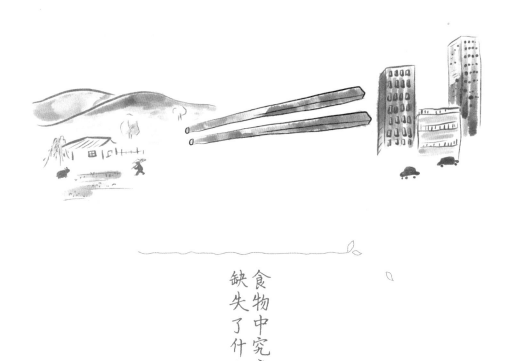

食物中究竟缺失了什么

后来，因工作之便，孙霖有机会游历了很多地方，"所谓的美食之旅其实就是在各地大小馆子里胡吃海塞，尤其嗜好厚重和刺激的味道。至于食材是什么品质，调料是什么品质，并没有认真想过。在吃得肚子饱胀，满嘴流油之际，身心并未获得多少真正的滋养。"

在一次台湾之旅中，孙霖连续饕餮了几家顶级餐厅，却"一路吃到食不知味，味蕾和心都麻木无感"。他在当时的日记中写下：看似高大上的环境、用料以及卖相之下，有些东西却缺失了。当有些东西缺失时，一定就会有些东西过多了。那缺失的东西是"灵动"、是"热忱"，而泛滥的东西是"匠气"、是"行"……

直到某天晚上，他被台湾的友人带入一个有菜地的餐厅。里面陈设简单，菜肴自助。餐馆的员工一起学佛，日出而作，日落而息，晚八点就打烊，"我们赶到时已经是七点多，饭菜都凉了。于是只能吃些沙拉，喝点汤。食物放了几个小时，本应处于难以下咽的状态，但入口却还有很香甜的滋味。感觉里面的能量很轻盈，吃了让人舒服。朋友说，这里的菜是餐厅自有农场种植的……"

这次台湾之行让孙霖开始关心餐桌之外的粮食和蔬菜，土地和种植，以及参与到每一个环节的人和人心。

2012 年，孙霖因为爱人食素而转为素食。接着，女儿和儿子相继出生。随着父亲这个角色在他身上逐渐浓重起来，带着对"什么才是真正的美味"的反思，他回归厨房，找寻干净的食材，探索食物的本真滋味。

"做了爸爸之后，越来越觉得，这个世界提供给人类的食物不应该是这样的，要么粗鄙，要么徒有其表，没有真正的品质。"这一时期，孙霖在厨房做了很多尝试和研发，也结交了很多和他一样关心粮食和蔬菜的朋友。

中国的食文化 不该这样粗鄙

袁枚

回看这些年的流行美食：不正宗而油大饱腹的家常菜，重油、重麻、重辣、重鲜的江湖菜，"吃环境""吃形式"的时尚菜，过度奢华炫技的米其林……孙霖开始了更深刻的思索：这个时代的食物，缺乏更深层次地对饮食文化的理解和贯彻，缺乏真正的匠人精神，更缺乏在"道"的层面参悟后并实践出来的美食。在这样的环境下，如何能谈精致的饮食文化？

知其然也要知其所以然的个性，推动孙霖想要去了解中国食文化在精神层面，哲学层面，美学层面，曾经企及过怎样的高度和境界？他一头扎进了中国美食文化的经典和古籍之中，从文化精髓到方法实操，同时去探究饮食的本质。

最终，他把目光落到了袁枚和他的《随园食单》上："袁枚的地位无人能够超越，他所传递的极致精神和品位，是对中国几千年辉煌饮食文化的总结，让后人在试图回归和契合那种精神时能找到一个入口。他在《随园食单》中不断劝诫人们摒弃一切与之无关的欲望和画蛇添足之笔。有度有节的精神与态度，才是老祖宗们留下的饮食文化精髓。这种精神无论在儒、释、道哪一家的思想体系里都得到了充分体现。如果缺失这种精神的支撑，人们将无以面对自身贪欲的裹挟。"

这便是孙霖苦苦找寻的中国饮食文化的至臻境界——回归食物的本质、回归烹饪的本质、回归吃的本质——用优质的天然食材烹饪，烹饪的方法和目的是引出食物最美好的本真滋味。

味觉空间
一道菜的

　　参悟了饮食的至臻境界，这几年，孙霖一直希望从实践层面在蔬食领域创造更多的可能性。大理肆意生长的香草，以及白族饮食文化中对于香草的使用，带给他很多启迪和灵感。"香草家常菜"便是他在厨房中实践和探索的方向。

　　"细体会，其实每一种味道在口中都有自己的动态维度。咸味沉着向下，酸味收敛向上，苦味收束紧缩，甜味舒缓扩散并填充平面空间，鲜味饱满浓郁并填充立体空间。但这些还不是一道食物的全部，葱、姜、蒜、孜然还有一些香草和香料都富含挥发性芳香物质，它们更多作用于鼻腔，这些挥发性物质入口后，会通过口腔后端进入鼻腔，让人对食物的体验更加丰富饱满。"在孙霖看来，一道好菜的调味，必然是依据食材的特点，打造一个和谐、平衡又有侧重点的味觉空间。

所以，设计一道菜，就是设计它的味觉空间。基于这样的研究，孙霖希望藉由香草这种可以饱满、丰富味觉空间的魔法师，让一个厨房小白在家烹煮食物的过程变得简单易学、成就满满，唯一的前提就是找到高品质的食材。比如他用几分钟教会我们的迷迭香炒豆腐，只需豆腐、油、酱油、迷迭香四种食材，甚至连盐、案板和刀都不需要。

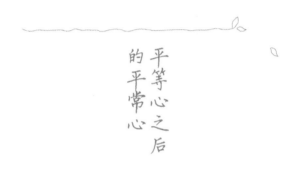

平等心之后的平常心

从青葱少年到不惑中年，从食之味的追求到食之道的参悟，孙霖基本完成了关于食物的所有探索。这个旅程，是食悟，也是生命之悟。他在自己尚未出版的《食者的初心》一书中写道：

我赞同"生命皆有灵知，一切众生平等"的理念。站在这个更加没有分别心的角度来看，关于荤素的伦理道德之争其实可以平息。无论你的盘子里装的是荤是素，知道那是为了你生命的延续而牺牲的其他生命就好……

这种感恩和珍惜不应只是进食者的一种心态，料理者也需要以这样的精神去料理食物。唯此，才能告慰和荣耀那些牺牲的生命，净化和荣耀盘中的食物，让它们充满精神和物质层面的正能量。唯此，才能打开造物主给予我们的食物中蕴含的全部祝福，让光和爱透过食物照耀和滋养我们的身心……

迷迭香炒豆腐

【食材】
老豆腐，迷迭香，橄榄油，有机酱油

【做法】

1　老豆腐用手掰成均匀的小块。

2　不粘锅中加入比平时炒菜多一倍的橄榄油量，烧热。

3　锅中加豆腐块，转小火，慢慢煎至金黄。

4　放入两三小枝新鲜的迷迭香。

5　利用锅内余油煎出迷迭香的香气。

6　倒入适量有机酱油调味，出锅。

尝试用孙霖的味觉空间构造原理，将自己喜欢的经典菜式拆解、替换，就能轻松稳妥地创造出有着老灵魂的新菜式。

比如迷迭香炒豆腐，就是孙霖对香椿拌豆腐进行了解构和重建：香椿苗有霸道向上的浓郁香气，为平实的豆腐扩大了味觉空间。孙霖又在迷迭香炒豆腐中加入酱油，更多了一个大地般扎实向下的力量——令味觉空间饱满立体，在上扬和下沉的平衡中突出了迷迭香的香气，形成特色。

理解了这类菜式的构造原理，知其然亦知其所以然，便能创造出一系列灵魂有香气的新菜式。

（本书第 16 页，白菜分享的凉拌香草老豆腐，也英雄所见略同地遵循了这一构造原理。）

咸

下沉

盐 酱油 豆瓣酱 豆豉等

醋 柠檬 酸味水果等

酸

收敛向上

苦

收束紧缩

香叶、陈皮、苦瓜、叶类菜的绿色部分等

砂糖、冰糖、红糖 水果等

甜

舒缓扩散、填充平面空间

鲜

饱满浓郁、填充立体空间

水产类，菌菇类，鲜蚕豆、鲜豌豆等

音乐是灵魂的食粮

不疚说，真实是音乐的第一个品质，音乐只来源于他对生活的理解、体验而产生的觉知，"大多数来听我音乐的人，会完全扑个空，既抓不到节奏，也抓不到旋律。放到音乐平台上也是，一是没什么人听，二是平台还常常不给上，不是我讲了不该讲的，恰恰是我什么都没讲。平台会说：你这音乐动辄30分钟、90分钟，又没这没那的，总得让大脑抓到一点东西吧？"可是，在不疚看来，他的音乐就是要去大脑化，它们是给心、给灵魂的。这样的音乐必定是属于未来的，"我在做前期的卫生打扫工作吧。未来，必定有更高级的音乐降落人间。"

涅
槃
重
生

　　承载不疚音乐的主要乐器，是太律和律箫。二者皆起源于上古，分别是一段没有开任何孔的竹管，和一段只开了三个孔的竹管。不疚的箫采用的是汉代以前的制作方式。中国古音律以螺旋上升的结构体现，现代音律则是十二平均律。因此，制作出来的箫差异很大，"这被我们大多数人所忽略，但极为重要，我用了七年时间，才做对了第一支箫。"

　　在这七年之前，不疚拿的是吉他，嘴里吼出的是摇滚乐。十余年的摇滚乐做下来，他离彻底崩溃仅一线之隔，"人已经疯了，却完全不觉得是自己出了状况，反而认为是周围的人甚至是社会出状况了。其实是自己走太远了，对自我的认识极其扭曲。于是，命运就安排我接受最大的打击，看我能否承担自己的命运——我出了一个很严重的车祸，右腿断成了三截。"自此，不疚退出了音乐圈。他说，幸亏有那个车祸，不然他肯定会发疯，或者出更严重的事。

后来，不疚试图去做生意，但命运很快就把这条路也给他堵死了。他陷入更深的低谷和绝境。就在他实在没东西抓的时候，偶然抓到了一支箫，"那时，自我已经毁灭，战后一片狼藉。这支箫和音乐方式，帮我看清了我是谁，生命是怎么回事。剩下的就是勇敢面对，重拾信心。"

用七年时间
做对第一支箫

当一个人能够从绝境中获得突破，他也就获得了更强大的心性和更高贵的品格，人生便进入了更高的境界。

不疚渐渐觉得，自己藉由那支箫创作出来的音乐不好听，肯定是因为不了解它。就像厨师不了解食材做不好饭一样。于是，他决定自己动手做箫，"一开始觉得很简单，直到亲手做才知道有多难。长短粗细、吹口、大小、位置……凭什么这样做？即使音乐有自由的创造在里面，但也应该有根据。"

从疑问中，不疚开始了漫长的学习之路，"全世界只有中国，把音乐作为一个极其重要的文化主体，贯穿整个历史。从夏、商、周，一直到清代，都是这样。二十四史，每一部正史中都有音乐的详细记录。古往今来，东西文明，最智慧的人都在音乐领域有特殊的造诣。为什么？唯有读书加实践。我做了很多，也错了很多。最后在20世纪80年代河南舞阳出土的一大批骨笛中，我找到了重要启示。最终，用七年时间发现了规律。再做，再和古人的历史记载一对比，就了然了。"

河南舞阳出土的这批骨笛，最早的距今9000余年，用丹顶鹤的尺骨制成。做对了的箫，一吹，便是天籁，"真正的天籁，完全摆脱了任何外来佐料的干扰，自然而生，因而最美。"在不疚看来，古律拥有一种单纯的力量，让我们清晰而坚定，不会被纷乱的外部干扰带走、带偏。

古人把公平的原则放在一根竹管里

不疚的另一个乐器——太律则源于度量衡的制定，"律，范天下不一而一。"据史书记载，黄帝命乐官伶伦作律。伶伦去到昆仑山，找到一节竹子，竹子吹响后的声音，被定为是测量物质世界的标准。伶伦在昆仑山下聆听凤凰的鸣叫，用所制作的第一根竹管做参考，互相调谐，共制作出十二只律管，即十二音律。后人根据十二音律，制定了二十四节气，进而制定了历法，有了时空坐标系。一支竹管，可以吹出一个声音，形成这个声音就有固定的长度，在这个恒定声音的竹管里装米，就有了重量，为一龠（通"乐"）。轻重、长短、容量，慢慢由此演变而来，"古人把公平的原则放在了这样一支竹管中。根据天地之气产生的频率制定，不依据哪个权威，而是表达在一个声

音上。这里面有着极其复杂高级的智慧，远远超越了我们对声音和音乐的理解。人就根据这个标准在地球上生活。地该怎么种？房该怎么盖？路该怎么修？人该怎么生活？这能不一片和谐吗？绝对没得选。"

在不疚看来，古代由音乐的方式产生的科学研究、科学语言，包含了人与天地的关系。而现代科学研究把人拿掉了，"人类最大的痛苦就是不公平，怎么解决？唯有这种智慧。当所有的中国人都能理解、参透这种智慧，那我们的命运一定是跨越星辰大海的。"

　　不疚会用同样有着很多问题的"现代食物"来比喻"现代音乐"："不用我讲，一听就知道是什么状况，真的假的，农药、添加剂都放进去，不看厨房能吃，看了厨房就吃不下去了。国外的音乐圈比国内更严重：疯的、死的、吸毒的……音乐的魅力源于共振，既共振细胞，也共振情绪。不管听什么样的音乐，它一定会共振到我们的生理和心理层面。大家不了解后厨是什么情况，就去吃了，且一吃就上瘾。以商业为目的音乐，直接刺激的是肾上腺素和多巴胺，包装、广告、宣传得好，卖得好就好，哪管健不健康？当这个现象变成群体现象时，共振的面就被放大了，风浪一来，哪条船能幸免？"

　　古汉字中，"樂（乐）"与"藥（药）"同源。不疚说，音乐是灵魂的食粮。现在的精神类疾病，在古时候只是情志系统不正，"喜怒哀乐悲恐惊，对应着古代传统的七个音阶。让一个人的情志系统，从偏颇不正到中正和平，这是中国音乐最直接的作用。让一个人的审美、思想、情感、身体，里里外外实现统一的振动，这个振动就会以它最好的效率、最和谐的方式发挥创造力。否则，就会产生不和谐的动力，表现在个体上就会四分五裂。这就是音乐为何可以起到治病、治人的作用。正因为此，中国才被称为礼乐之邦。在如今文明冲突比较严重的时候，音乐的作用将会特别重要，因为它跨越了语言。音乐可以创造一切，也可以毁灭一切，拯救一切。"

　　不疚在 10 岁的时候，就会给自己做番茄炒蛋，且百吃不厌。他的番茄炒蛋，不放葱姜，只有油盐，至简本真，"治大国若烹小鲜，做美食一是少放佐料，二是少折腾它，让它如它所是。音乐亦然，越精简，越精髓，越高级。纯粹的音乐审美回来以后，正如清淡的口味回来，不该有的佐料就很容易区别出来了。"

　　他观察到，无论是饮食还是音乐，重口味的人生活状态都不太健康。这源于感知力的迟钝，所以需要更多的感官刺激——刺激大脑，刺激多巴胺，让大脑始终活跃兴奋，"真正用心听、用心吃，哪需要那么复杂？这种刺激也是一种手段，可以让灵魂睡觉，让心被遮蔽。因为大脑始终活跃做主，通过逻辑就可以控制它。但心不能，更不要说灵魂了。"

　　生活让不疚练就了一种感觉，能够透过表象而直抵本质。面对餐食，他更看重背后做饭的人是否真诚，是否有爱，"做饭并不是从点火那一刻开始的。实际上，在想着吃什么？怎么做？甚至在购买食材的时候就已经开始了。真正的关心与爱才是最重要的佐料。"

世界最终是一个超越的螺旋

不疚说，他现在做着几乎与全世界都不兼容，却又无比重要的事，教育和传播是当务之急，"在一个人的生命初期，他要学会和自己交流。当他的身边充满质疑非议时，他还能准确地理解自己，还能记得他出生来到这个世界的时候，给自己的那个期许。任何人，不管他将来做什么，有真正的音乐浸染在他的生命底色里，他便永远不会忘记世界是他建立的。"

然而，仅从音乐开始是不够的。不疚认为，现代的青少年特别需要"炁"的修养，这个炁，就是气质、气魄、风骨、操守、精神。这个炁在一个人身上，也在一个时代身上。当一个人把天地之乐、天地之礼修养成默认的操作平台时，他一生都会遵循这种底层的方式——我要通过美的创造，体现生命的意义和价值。也因此，不疚开始带着孩子们从《孟子》开始，读经典、吹太律，与古人的智慧对话，养浩然正气。

不疚把天泽履卦的卦象作为他创立的品牌"古乐修身"的标识，寓意"愿望如天，现实如海，古老的一行行脚印，却看不到过去的人。唯有表里如一地实践、生活下去。世界最终是一个超越的螺旋。"

番茄炖鸡蛋

食简单

【食材】
番茄，鸡蛋，油，盐，清水

【做法】

1　番茄洗净，去皮切块。

2　鸡蛋磕入碗中，打散，微微打发。

3　锅中入油烧热，加入蛋液轻轻翻炒至蛋液凝固。

4　入番茄，分次加少许水，稍稍炖煮。

5　待番茄微微软烂后，加盐调味出锅即可。

伊尹负鼎俎
调五味的故事

喜自然

采访不疚的时候，他给我们讲了伊尹的故事：伊尹是中国第一个帝王之师，中华烹饪之圣，也是商代第一大巫师。他推行"以鼎调羹，调和五味"的理论来治理天下。相传，中医中的汤液就是伊尹开创的。他还专门创作了《大护》《晨露》《九招》《六列》等音乐，以传扬商汤的美德，涵养国人之正气。游刃有余于厨师、巫师、乐师、国师等诸多角色之中，伊尹无疑参透了天道——真实自然的和谐之道。

扫描下方二维码，聆听不疚为我们讲述伊尹的故事。

回到生命原初，吃本真之食，做天真之人

作为 60 后，无总有过清贫质朴却美好幸福的童年；有过初涉异国繁华并勤奋求学的青年；有过追求名利和俗世成功的中年……如今的他，吃野菜野草，住茅屋草舍，穿破衣烂衫，却喜悦、自在、幸福。

循自然之道,
饮食生活

每天清晨，无总会和太阳一同起床。洗漱后，他便拿一个小篮子，摘一些自己种的绿叶菜和一旁顾自生长的野菜野草，再加一点生态种植的水果、生姜。清洗、切拌、摆上桌，不过几分钟的时间。

他会先打坐，之后才开始慢慢享用面前的食物。这几年，他都是这样一个人吃早餐，"我吃饭的地方，或者叫厨房，没有油盐米面，只有新鲜天然的东西。吃饭这件事现在变得非常简单。"

中午，无总会再吃一顿午餐，80%都为新鲜天然的生食。至此，这一天关于吃饭的事情就结束了，"如果没有这些食物，就打个坐，喝一杯天然的活水，晒晒太阳，也不一定非要吃东西。我觉得人的意识和情绪很重要，要看你怎么理解食物和我们的关系。如果想着今天一定要吃到什么，吃不到就不开心，那就掉入了欲望和烦恼之中。"

　　无总目前在大理运营着倡导健康饮食及清简生活理念的素方舟·未来空间，在金沙江畔还有一个践行自然农法的生态沃柑园。他住在简陋的小阁楼里，穿着袖子已经磨出毛边的旧衣，吃着不用料理的生食野菜，却面色红润，精力十足。

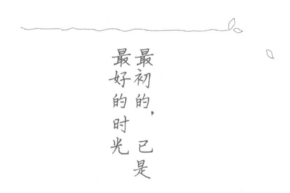

最初的，已是
最好的时光

　　无总出生在浙江丽水的一个小乡村。他至今依然清楚地记得，6 岁时的一个冬日，妈妈对他说："明天你跟我一起去菜园吧！"他简直不敢相信自己的耳朵："我可以去菜园了呀？"——那个年代，去菜地干活，对于一个小孩子来说是无比荣耀的事情，那意味着长大，意味着信任，意味着一个新天地。

　　他也清楚地记得，跟妈妈一起拨开厚厚的雪，拔出白菜时的欣喜，以及回家经简单烹煮后的白菜那清甜美好的滋味，"那时，菜地里长什么菜我们就吃什么

菜，好像也没缺什么营养，也没生过什么大病。那个年代，食物在我们心中的概念是完全不一样的，人跟自然、生命、食物的连接是真实的。同样叫萝卜，但现在的萝卜和那时的萝卜已经不一样了，从人们如何看待它、对待它，到它自身的口味、营养、能量，都不一样了。"

等他再大一点，妈妈告诉他，大黄牛可以由他来照顾了。他兴奋得一个晚上都睡不着。大黄牛就像他童年的一个玩伴，每天走过牛圈，牛都会冲着他叫，也听得懂他的话。放牛的时候，牛总是走一走，便会停下来等等小小的他，"我这一生，如果都能跟小时候那样，就是最好了，不用做那么多事，不用赚那么多钱。养牛就养牛，种菜就种菜，每天就专注在一件事情上，简单幸福。而现在，我们有了太多追求，太多选择，烦恼压力多了，幸福也就远了。"

误入凡尘三十年，如今守拙归田园

19 岁，无总被父亲送到了意大利佛罗伦萨，学习农业科学——一个用科学、技术、人的力量去改造土地、改造植物、改造生命的专业。他的世界从此发生了翻天覆地的变化。一方面，他觉得自己需要勤奋努力地学习，另一方面，内心却始终有一些矛盾而无法和谐的声音。就这样，主流价值观的裹挟以及不能辜负父母的责任感，令他一步步地走向世俗的成功。但精神上的迷茫虚无，以及无法自洽的痛苦还是越来越多地向他涌来，"可能我从小就有灵性方面的需求吧！最终，我选择了离开之前的圈子，周游世界，到处寻访高师大德。"

13 年前，无总回到国内，在大理金沙江畔的一座荒山上，开始了长达 8 年隐于田园的农耕生活，"那些年，我几个月都不下山，心静神定，发现那种清素简单的生活，竟如此适合自己。"这 8 年，他开始重新审视人类和土地、生命、食物之间的关系，重新观察大自然的运作方式，思考人类参与、干涉到生命的生长过程中所带来的影响，"植物本身有它内在的生命信息，它知道什么时候发芽，什么时候开花，什么时候结果。它也有强大的自我保护能力和生存能力，去应对外界环境的影响。人一旦参与进去，改变了植物的生长环境和生命节奏，也就破坏了它内在的生命力，就算最终培育出来，它的能量和营养也不会太高。因为它不自由，不自愿，不喜悦。"

这就是为什么无总现在更愿意吃野菜、野草和野果，"因为它们的一生都是欢喜的，我们吃的时候自然也是欢喜的。"在无总的沃柑园里，到处都可以看到虫子，看到杂草，看到小鸟在果子上留下的痕迹。也能看到每一根枝条，每一片叶子，每一个果子，迎着阳光努力生长的开心模样。

吃饭是我们
跟生命的连接

在金沙江畔的沃柑园，无总养着一只叫小宝的大狼狗，和一只叫咖啡的小毛驴。平时，小宝被关在院子里时间长了，出来就会吃一种叶子细长的野草，"这是它的本能，它需要这种草。猫也喜欢吃，人也可以吃。"无总摘了一片叶子递给我，入嘴，竟然是甜甜的滋味。毛驴咖啡来到沃柑园时，刚出生 52 天，还不会吃草。一个星期后，它就知道自己找草吃了，"动物还保留了这种本能，它知道哪种草是自己需要的，哪种是有毒的。人原本也有这种本能，但现在严重退化了。"

　　在无总看来，食物对人类很重要，它滋养我们的身体和生命，只有身体健康了，我们才能让心静下来，去探索丰盛的精神世界，"天然、原生、新鲜的食物会引导、启发我们的内在本能，让我们凭直觉就能知道哪一种食物是我们身体需要的，哪一种只是欲望的需要。"

　　在农场，他会在餐食中加入野菠菜、野荞麦叶、野生水芹菜、三叶草、野葵、灰灰菜、野水花生草、紫花苜蓿等野菜来吃，"野生的食物吃多了，每次用餐时都能感受到它们带来的能量和滋养，也会让我生出感谢和感恩。至于口味，酸甜苦辣都没有分别，我更享受的是这样安静恬淡的状态。吃饭就是我们跟食物，跟生命的一个连接，我们需要静下来，不受外界干扰地，真正和食物在一起。"

真人要的东西，大自然都有了。

无总说，他现在所追求的一切，无非都是小时候曾经拥有的，"我只想回到原初，做一个真人。我们现在的生活习性使很多人成了假人，对不该拥有的东西有着太多的贪欲，对饮食这件事看得太重，要求太多，所以幸福不起来。而真人要的不多，他要的东西，大自然都有了。"

出走半生，归来还是少年。只不过，此少年，是彼少年，也非彼少年。如果再给他一次机会，我相信他还会选择出走，即使最美的便是最初的地方。也许，只有当我们看过假，经历过假，方知真为何物，方知真的珍贵。

人生的最高境界是天真，天生自然的东西，无一不是大真、大善、大美，人为即假。所以，耕作也好，饮食也好，生活也好，循自然之道便是最好。那是最初，也是最后的模样。

野菜卷

【食材】

生菜，野菠菜，三叶草，紫花苜蓿等各种可以生吃的生态绿叶菜及野菜，生姜丝，黑芝麻酱

【做法】

1　将生菜，野菠菜，三叶草，紫花苜蓿等绿叶菜按叶片大小层叠铺好。

2　中间抹黑芝麻酱，放适量姜丝。

3　从一端将野菜卷起来，卷到最后再抹一点黑芝麻酱黏合即可。

在金沙江畔坐拥几百亩的生态沃柑园，无总这四五年来不仅彻底实现了沃柑自由，还把沃柑里里外外的价值充分挖掘了出来：沃柑酵素、沃柑陈皮、沃柑精油、沃柑甜点……尤其是沃柑酵素，不仅可以回归沃柑园养护土地和植物，还可以在日常生活中作为酸性调味品、饮品食用，另外还能护肤美容，净化空气等。沃柑酵素有沃柑皮的香气，只需闻一闻，抑郁不快便无影无踪。

喜自然

做一瓶明媚的
太阳之水

将红糖、沃柑皮和水以 1:3:10 的比例放入瓶中，填满瓶子的80%。

关紧瓶口，发酵三个月即可（第一个月需要每日开口放气，第二个月后不再开盖）。

第一个月

第二个月

第三个月

简辉

隐于山野的莫催时光

16 年前，简辉在兜兜转转中遇到了那片茶园，命运给了她无数个岔路口，也曾将她创造的美好全部摧毁，但她却从未迷路，甚至，从未离开。

桃溪谷的
茶园和茶缘

　　夕阳西下。简辉背对着我们，站在她位于苍山桃溪谷的茶园最高处，远眺着落日余晖里的三塔和洱海，"当初，山上的一切都被拆除后，我在很长一段时间内是不敢上来看的。后来再上山，发现自己的房子、茶室，在这里生活、工作过的痕迹，都被大自然抹去了。植物茂密地生长起来，就好像我的那段生活从来都没有出现过一般。所以，即使在我们生活中特别重要的、曾引起我们巨大悲愤的事情，对于大自然而言，也都是浮云。树一样在生长，风景依然那么美丽。有时候，是人把自己看得过于重要了。大自然是不需要人类的，但人类需要大自然。"

　　16 年前，28 岁的湖北姑娘简辉，就职于北京的一家通信公司。当时，她已经在寸土寸金的北京买了房，工作、生活都算顺遂，然而却总觉得没有归属感，融不进都市生活，总想往外走……于是，她辞了职，希望用半年的时间，藉由行走来寻找答案。从广西到贵州，再到云南，而后又去了西藏，简辉发现，那个答案似乎就在大理。就这样，她又从西藏折返大理。令她念念不忘的，就是苍山桃溪谷的这片茶园。彼时，无论是喝茶，还是做茶，她都是一名小白。

当时，简辉想从高处拍崇圣寺，就沿着崇圣寺旁边的小路进了山。护林员告诉她：往上走有白雀寺，往左拐有一个茶园。她果断地选择了白雀寺，而后又爬到玉带路，玩了几个小时，最后迷迷糊糊地从一条小路下来，竟走到了这个茶园，"很有意思，当时在岔路口没有选择它，但兜兜转转还是来到了这里。"

误入茶园，简辉正好撞见茶园老板。和老板聊了一会儿天，简辉就问他能否在茶园当义工，老板则一口回绝。于是她就去了西藏，但还是忘不了这里，索性给老板打了个电话，老板说她可以压普洱茶饼。不过，这个工作并没有做多久，整个普洱茶产业就崩盘了，简辉就和朋友接手了这个茶园。

莫催
莫催

简辉给茶室起名"莫催"，"最开始，很少有人上来。虽然没什么经济收入，但日子过得特别舒服。现在想来，最幸福的时光，反而不是赚钱最多的时候。每天就在山上，看看日出，做些日常的打理、打扫工作。有客人就接待一下，我也不会主动介绍我们的茶，大家都很放松随意。"

到了 2015 年，大理的旅游业进入了迅猛发展阶段，来山上的客人多了起来，简辉的烦恼也来了：收入日渐好转，但随着后面越来越忙碌，她发现自己的心态有了变化，压力越来越大。比如，想赚更多的钱，想留住更多的客人。这个时候，她就会反省，不断地回看自己的初心。

2017 年，洱海治理的浪潮也波及到了桃溪谷。从禁止游客入内，到桃溪谷村被整体拆除——莫催茶室和简辉的住所也在其中。很长一段时间，简辉都不敢上山，谁提到这事，她瞬间就会崩溃大哭，"突然一下子，工作和生活都不能再继续了，对我的打击还是挺大的。但时间终究可以抚平一切：第一是你不得不接受；第二是，当我漫步在治理后的洱海生态廊道时，我瞬间就理解了'为了让环境有更长远的发展，就必须牺牲一小部分人的利益'，虽然我也是这一小部分。现在，我又能回来做茶室了，心里是非常感恩和珍惜的。世界是阴阳相生的，有好就会有坏。这些生命中出现的人和事，都会给我们一些新的启示，可以让我们抛掉一些想法、做法，重新开始。"

重回桃溪谷，简辉把原来制茶的仓库收拾出来，做了茶室。茶室虽小，好在天地够大，所以院子里就有了各种版本的喝茶体验：面对幽静山谷的、大树下的、头上长草的亭子里的、巨石上的、纯艳阳版的…… 茶室的一边可以直接取到桃溪的溪水，走路三分钟，就可以置身于青葱的茶园之中。

　　我很好奇，客人多的时候，如果被催，简辉会怎么处理？她笑道：客人急的时候，自己不能急，更要有条有理。当然，她会第一时间回应顾客的催促。大家来了都不是走马观花，他们更在意的是服务而不是时间。莫催茶室每天上午 10：30 开门迎客，"像我父母会觉得我懒，可我觉得我需要遵循自己的节奏。定好规则，客人觉得合适，自然会来。想要把每个人都照顾好，满足每个人的需求是不太可能的。莫催更希望让真正喜欢这里的人来，而不是让所有的人来。"

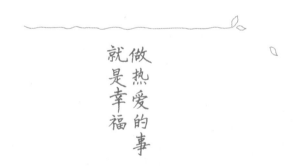

就是幸福 做热爱的事

　　自简辉接管茶园之后，她就再没有给这片茶园用过农药、化肥、除草剂。近些年，她还把原来的一年采三季茶，改为只采春天一季，让茶树能够得到充分的休养。

从小就喜欢独处的简辉，一个人，一个茶园，一个茶厂，一个茶室。除了忙时会请本地的阿姐阿嬢帮忙打理茶园之外，其他从种植、制茶、包装设计、包装，到制茶课程带领、公众号管理、文章撰写、网店管理、客服……她几乎一个人完成了所有的环节，"有热爱，就不会觉得累。想要做一件事，就去做了；向往哪一种生活，就往那个方向努力——这于我就是幸福。"

在山上待久了，时间概念也模糊了，有时候客人问："今天是星期几？"简辉才发现，自己根本不知道。"你们茶室哪年开的？"她一下子也想不起来。在山上，就觉得时间都变慢了，也不重要了。

有朋友会建议简辉在茶室周围多种些花，或在某个地方搭建一些什么，但她还是想要"慢慢再看一看"。简辉希望，新建的东西不是突兀的，一定要和自然相融合。"五颜六色很美，一片翠绿，也很养眼。"

　　莫催院子的一隅有片小菜地。简辉对吃饭的要求不高，地里有什么就吃什么。自己种的菜新鲜清甜，基本不用什么佐料，尽量保留菜原有的本味。有时候，那种随时想吃随时就可以去地里拔菜的喜悦，甚至超过了她对吃的热情。

　　山上可吃的野菜也特别多，简辉随手指了指一旁的香椿树说："春天的香椿芽能吃很久，还有野花椒树的嫩叶、灰灰菜、酸枝、蒲公英、荠菜，雨季还会有地软……总之，在山上待着，很难被饿着。"

　　作为一名茶人加茶农，简辉还研发出了一系列以茶入馔的菜品：如普洱茶饭、茶叶炒鸡蛋、茶叶饺子、茶叶天妇罗，等等。

　　如果问简辉，最能疗愈她的食物是什么？她的回答是：饺子，"有时候做茶特别累，我就会给自己认认真真包顿饺子，一盘饺子下肚，我也就满血复活了。"虽然是湖北人，但简辉的妈妈特别擅长做面食，所以，在简辉的童年里，饺子，包子，馒头，都是餐桌日常，"我从小就会跟着妈妈一起做各种面食，久而久之，都学会了。饺子也代表着妈妈的味道，代表着团聚、节日和热闹的气氛。也许，这是我在独自辛苦忙碌的时候，内心最需要的力量吧。"

盛开在山谷里的花

简辉最爱生普。它的口感丰富，除了甜和香，还有一定的苦和涩，"喝茶要喝茶的风骨，甜、苦、涩、香，该有的风味必须得有。但并不是有了这几个味道就一定是好茶，口感上的平衡很重要，那个苦和涩是能化得开的，最后在口腔里留下来的，是回甘生津的感觉。那个回甘、韵味很绵长，可以在口腔、喉咙、身体里有一定的延续，这才是普洱茶的魅力所在。"

刚刚进入不惑之年的简辉，像极了这款生普，既有岁月沉淀带来的阅历和厚度，也有时光远未老去的那份灵动与鲜活。清雅，温润，丰富，绵长。

采访那天，简辉的茶桌上插着一支小小的茶树花。她说，很多茶花常常在修剪茶叶时就一同被修剪掉了，但人们总会在一片绿色的茶树上发现它小小的、洁白的身影。低调却不卑微，独自盛开，并不在意任何人的眼光。

简辉也像是这朵茶树花吧，绽放于自然山野，也只属于自然山野。悠然自得，心无旁骛地做着自己。接受阴阳的消长，接受日月的交替。就像她的莫催茶室，小小地、默默地，却又执拗地隐于山谷，一不小心就会错过。然而，一旦你找到了它，打一壶溪水，品一杯茶，对着幽静的山谷，晒一天太阳……那么，篆刻进记忆里的这一天，必将明朗清晰。

豌豆尖汤

【食材】

豌豆尖、姜、盐、水

【做法】

1　种豌豆，照顾它长大。

2　去小菜园摘豌豆尖。

3　锅中加水，放入姜丝，烧开。

4　放入豌豆尖，煮 2~3 分钟，加盐调味，即可出锅。

布置一张山野茶席

山中清凉, 适合喝一些
发酵类温性的茶。

随处可得的小野
花, 借几朵入席。

可准备热量较高的茶
点, 随时补充体力。

大叶子或大石头可
以做茶席, 小叶子
或小石头可做杯
垫, 随手折段细
竹, 即是茶针。

风声、溪水声、虫鸣与鸟
啼, 便是最美的茶乐。

竹制的背篓可以装一切, 不怕
水, 也不会占用双手。

简辉说, 去野外喝茶, 只
需要带最简单的壶、杯、
盘。邀请一片树叶、几块
石头, 便是最美的茶席。
小溪水在林间流淌, 植物
随风摇曳, 它们让一切都
变得简单、自然, 我们也
只剩下纯粹的自己。

扫码和简辉一起入山野, 听溪、品茗。

老颜

饭里有爱，心中有矿

老颜，学设计的资深民宿人，大理素食餐厅"無相颂"、苍山脚下的蔬食民宿"谦畞庄园"的掌门人。九年前，他曾在复仇的怒火中，放下屠刀，转念食素。九年后，他坐在谦畞庄园的银杏树下，淡淡地说：此后余生，让更多的人爱上素食、会做素食，是他最大的使命。

放下屠刀，
拿起菜刀

老颜说，一个家庭的能量中心、风水中心在厨房。

如果你没有看见过老颜的厨房和他做饭的样子，你无法深刻体会这句话：我明明看见的是在烟火中快乐翻滚、噼啪唱歌的蔬菜，心中升起的却是一幅银鞍照白马，仗剑走天涯的画面；如果你没有坐在谦畋的餐桌前，面对香气四溢的饭菜感恩过天地万物，没有看见老颜和夫人元钰如何热情得体、琴瑟和鸣地为客人布菜，你也无法深刻理解这句话；如果你没有打开所有的感官，安静而清明地感受这朴实、本真、充满爱与平和的蔬食，经由口腔慢慢成为身体的一部分，你也无法深刻读懂这句话。

狮子座的老颜曾经是一个疾恶如仇的性情中人。九年前，因为家族长辈间的恩怨，他带着复仇者的愤怒回到家乡，希望找回公道和正义。持续多日怒火中烧，他决定以吃素来调伏内心的情绪，"从不杀的那一刻开始，内心的善就出来了。食素，也许只是一个契机，绕来绕去，我想我都会走上这条精神世界和人生信仰的探索之路。"

　　老颜是实践派。回大理后，面对刚开业的民宿，不会做饭的他从煮面、炒饭开始，用三年时间，研究食物背后的逻辑，研究全国各地的妈妈菜。在老颜看来，舌尖的觉知力是烹饪的第一步，一旦记忆里烙下了某些味觉类型，那么烹煮就是一个凭记忆去靠近它的过程，"我有好多菜，就是回忆小时候的妈妈味道，在外面吃到好吃的菜也一样，通过记忆去靠近它，而不是所谓的菜谱。那是一种感性的状态，就像打球的球感，大脑是没有计算的，就是一种直觉。"

妈妈的味道
就是爱的味道

　　五六岁的时候，老颜就成了妈妈的小帮厨，妈妈掌勺，老颜烧柴。那些平平淡淡的家常菜，让他想念一生，"当我自己拿起炒勺时，就一直琢磨这事。在妈妈的味道里，核心的东西是什么？如果你能完全沉浸在妈妈的角色里，就能想明白了：没有什么密法，它里面就是爱。所以，当我们做菜时，能放入这样的爱，食物便有了很强的穿透力。而且，一旦找到那个状态，做菜就变成了一件简单的事，所谓大道至简。"

　　具体落到实践中，厨房便成为老颜成长、修心的所在。最开始，他也会在意别人的反应和评判，易生烦恼。他就从一点一滴开始，觉察自己的起心动念，到后来，就越来越安静、圆融，"厨房就是禅房，整个过程都取决于心的状态，心越简单越好，菜也是越简单越好。"当然，老颜对食材的要求也越来越高：天然的食材本自具足，一个厨师，最大的作为就是对它充满敬意，剩下的，便是心的流动。

　　老颜用大理本地的手工老豆腐和老品种莲藕，在午餐时复刻了两道妈妈菜：焖豆腐和莲藕花生汤，"好的豆腐一来，基本不需要其他东西，只需要给到它山泉水和足够的时间。"妈妈做的是排骨莲藕汤，老颜就用莲藕和花生做成素的，"藕本自具足，并不需要排骨，它和花生就已经是最完美的搭档。"

　　老颜的民宿餐厅也不是一开始就提供纯蔬食的。老颜先从一盘素菜开始，每天用心地做。慢慢地，一盘变成两盘，两盘变成三盘，直到最后，餐桌上吃剩的都是荤食时，老颜才适时地倡议：既然大家都不爱吃荤了，为了避免浪费，我们就都吃素吧！就这样，他用三年时间，撼动了连做保洁的白族阿姨在内的所有员工，都选择了素食——这就是他倡导的"通过影响筷子的方向，来影响大家对食物的选择"。这个历程也让老颜磨炼出了意志力和自信心，自此，民宿也彻底成了全蔬食民宿。

　　民宿的客人来自天南地北，为了唤醒大家的味觉记忆，老颜还开发了很多地方特色的妈妈菜。在变身各地"妈妈"的过程中，老颜也收获了一众拥趸，"这是一个广义概念上的妈妈，是一种无私的、不求回报的爱。妈妈的爱，没有计较或者隐形的筹码，即便你成绩没考好，她炒菜也不会因此就多放盐，或者炒焦给你看，她从来没有这些对等的要求。所以，找到那种无私的状态，并全然沉浸在这种奉献中时，就没有难吃的菜了。"

　　在老颜看来，厨房就是一个家的风水中心。厨房里的事物圆融了，家就圆融了；厨房的场能高了，家的场能就高了。厨房就像一个驾驶舱，方向盘握在谁手上，谁就掌握了这个家庭的兴衰。这对于男人来说至关重要，不要轻易放弃这个掌舵的机会，"希望一家人亲密和谐，那就用食物喂养你爱的人。你所有的祝福、祈愿，都会经由食物流进她（他）的血液，你们的关系怎么可能不和谐？食物就像药一样，是善药。当然，前提是要选择和平干净的食材，然后用心去呈现它。"

唯有蔬食的能量

才清明愉悦

　　就这样，老颜通过实实在在的行动，去影响更多的人选择和平饮食，"这样七八年的实践下来，感觉自己无坚不摧。常见的家常菜，我都会用蔬食演绎一遍。我会告诉那些客人，你惦记的味道，其实都是调料的味道，你误会了素食，也误会了荤食。肉的香是蛋白质的香，素蛋白也可以出这样的香气；你惦记的烤肉串，那是孜然的味道；你惦记的卤味，不过是大料、香叶的功劳。"

　　在老颜看来，人长期吃动物食品，容易有戾气和贪念，"作为妻子，如果能多给先生吃草，那么你的家庭就会更和谐稳定。吃草不是没有力量，而是更有耐力。你看，牛马都吃草，喜欢先生能在家里做牛做马，就多给他吃草。"

说厨房是禅房，是因为老颜在做饭时经常会找到和食物共振的状态，"有次炒一个包菜，炒着炒着我就笑了，那是不由自主地开心，菜在锅里也很开心，当我们彼此都很开心时，这个菜是不用尝的。吃饭时才知道，这个包菜是当地朋友自己家种的。这种愉悦和快乐，是心的相映。厨师的振动能量可以影响食物的振动能量。但也只有蔬食，才会带来这样能量层级的愉悦感受。动物是含恨而死的，它有恐惧和怨恨，所以厨师很难去振动肉食。"

自废武功，行天下之道

　　学设计的老颜，做过商业策划，上过 MBA，不乏商业智慧。但自从食素、修行之后，他便开始不断地"自废武功"，"修心的目的，就是去伪存真，慢慢放下。相信宇宙天地的自然规律，相信得道多助、失道寡助。"当老颜把弘扬和平饮食作为自己的使命之后，他的状态也完全不一样了，"就像你给宇宙下了订单，你愿意接受一个更巨大的任务，愿意成为一个更大的能量管道。"

　　也正因为这样的改变，老颜在大理古城开张了"無相颂"蔬食餐厅。餐厅在 2018 年开张，在 2023 年逐渐企稳，"如果只是为了个人利益，你是缺资金、缺人、什么都缺的，因为目标本身是小的。但当我愿意行天下道时，我这滴水的理想已不再是努力防止蒸发，而是要汇入大海。所以很多事情会变得犹如神助。"

　　这两年，老颜越发任性了，一个以弘扬和平饮食，帮助在地村民，支持素食人群的社区——谦畎庄园也在苍山脚下落成。谦在六十四卦中为地下有山之象，是全然放下自我的谦卑，畎则代表土地。老颜说，他曾经是一棵树，长在土地上，招摇奋进，追逐个人的成功。而现在，他的偶像是土地。他愿意成为一个像土地那样的承载者，去滋养和成就其他生命。有人说老颜在大环境不景气的时期逆流而上，打造谦畎这么大的一个工程，一定是家里有矿。对此，老颜回复道："那我就做个像是家里有矿的人吧！"

　　谈笑间，老颜的小女儿、素宝宝文文从幼儿园放学回来了。一家人和两条狗狗，在谦畎户外的大草坪上，嬉戏玩耍。微风不燥，山河远阔，万物祥和而美好。

　　家里没矿的老颜，心里有矿。

私房蔬菜焖饭

食简单

【食材】

香菇，笋干，梅干菜，胡萝卜，长豆角，大米，姜，盐，酱油，素蚝油，花生油，熟花生碎，熟芝麻

【做法】

1　香菇切小粒，加少许酱油炒香。

2　笋干泡发后，用高压锅煮熟，切小粒，加少许酱油炒香。

3　梅干菜泡洗一下，捏干水分，炒香。

4　锅热少许油，下姜末煸至金黄，下胡萝卜粒、长豆角粒，炒香。

5　以上炒料一起入电高压锅，与泡好的大米混合，加少许酱油，少许花生油，一起搅拌均匀，加水浸没，水高出食材一指节，选择"焖饭"挡，启动电高压锅。

6　起锅后，尝一下味，加一瓶盖的素蚝油（注意：咸），拌匀。

7　用小碗装好后，翻扣在平盘上，撒上少许熟花生碎，几粒熟芝麻。

＊摆盘时可根据喜好点缀焯烫熟的盐拌西蓝花或菠菜等。

＊宜配清淡菜汤或酸菜粉丝汤等，主开胃解腻。

 喜自然

餐桌上 的 感恩
与身教

在谦畆庄园，每一餐用餐前，老颜或夫人元钰都会带领所有的用餐者诵读餐前感恩词。老颜说，通过这样一个有仪式感的细节，可以改变用餐氛围，让用餐者回到当下，认真吃饭。另一方面，这也是餐桌上的身教：成人对食物、自然、祖宗的感恩，会带动孩子对天地、父母以及付出劳动的人，升起感恩心。尤其在一个家庭里，时间久了，往往不参与劳动的人会变成索取者，什么都是理所当然。因此，小小的餐前感恩，改变的不止是用餐氛围，还有家庭成员间的关系。

谦畆庄园餐前感恩词：

感恩自然万物。
感恩日月星辰。
感恩天地国家。
感恩祖宗父母。
感恩师长同修。
感恩同事朋友。
感恩食物给我们营养。
感恩食物给我们能量。
感恩做饭的人。
愿我们吃了这顿饭，
身体健康一切吉祥。

扫描二维码，观看谦畆庄园现场版的餐前感恩视频。

张娇

生活是唯一的专业

张娇，把生活铺展在大地上的柴烧匠人。他说：一棵树不会去羡慕另一棵树，一朵花不会去嫉妒另一朵花，努力做好自己，这个世界就好了。而美，也正存在于在这样真实地做自己，真实地落地生活之中。美是身体的健康和心灵的自由，美是生命力本身，也是生命自然流动生长的过程。

张娇在他的朋友圈写下：我应该是大理动手能力最强的老师——做豆腐、搭木屋、种地、建窑、玩陶、劈柴、做饭、染布、雕塑、做水电、柴火烤面包……没有之一。

张娇的一天，就是以上工作中若干种的有机组合，与此平行的，还包括带娃、给孩子们上泥巴课或农耕课、喝茶、接待朋友、拜访朋友……这么多事情，如诗一般流淌在张娇的生活中，迷之松弛。我好奇他是如何做到的。他回答：这些都是我真实的生活，当你把生活过到最自然的状态时，它就可以散漫自在，它也可以为这个世界产生最大的价值，生活是我唯一的专业。

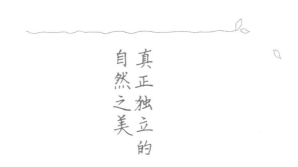

真正独立的
自然之美

大理凤仪镇的敬天村，是一个有着 600 多年烧窑制陶历史的古村落。辉煌的时候，曾同时有数百个大大小小的柴窑，为整个大理坝子提供各种生活陶器。八年前，张娇把家和工作室都搬来了这里。工作室位于敬天村的最高处，一路上的荒草残垣和四处散落的碎陶片，依稀还可以拼凑出这个村庄曾经的忙碌和富足。敬天村的后山上有白土、红土、沙土、黏土，等等，各种土的配比，决定了陶器的质感和颜色。这里的窑也都完全用土搭建，木柴是唯一的燃料。

这种自然和纯粹，在张娇看来，也是生活器物审美的最高境界，"我们的柴烧只有这最天然的泥土，不上釉，自然落灰。木柴的种类、大小，投柴的频率，空气中的湿度，器物摆放的位置，都能给最终的成品带来截然不同的色泽。每一个陶器都承载着真正独立的自然之美，也只有在陶器中，才能看到如此多元性的审美。越烧陶，我就越敬畏自然。它要求我们做陶人和用陶人的审美，要超越这个变化，全然去拥抱未知。"

　　张娇说，50 年前的云南，村庄方圆 100 公里之内，都有产陶的土窑，然后再经由马和马车，把这些生活器物送到每一家的餐桌之上、厨房之中。随着塑料和玻璃的出现，陶器才慢慢淡出寻常百姓的生活，"这样的发展是自然和多元的消失，生命力的减弱，幸福感的远去。几千年来，跟着我们的生活一直生长的，是陶，能够服务于我们这个民族文化精神的，也是陶。"

物有真假，道法自然

　　大学学习雕塑的张娇，毕业后走入了当时乌托邦般的大理古城人民路。从在酒吧打工到自己开酒吧，他在那些来来往往的背包客以及他们的传奇故事中，确认并搭建着自己的价值观，并藉由这样一条小小的街道，看到了一个大大的、充满无限可能的多元世界。

　　2009 年，他在人民路中段开了家一楼玩泥巴、二楼吃素的店，并且每周做一次豆腐，"柴烧可以充分表达我对生活的理解和认知，但又想每天吃到健康天然的食物，索性就在同一个空间内分享自己的食物和生活。那时，我们经常坐在门口，一边晒着太阳，嗑着麻籽，吃着豆腐，一边看着来来往往认真生活着的白族阿孃和阿奶们。"

这样的日子是在人民路日益商业化的进程下终止的。张娇来到敬天村，盖土屋、修土窑、搭柴灶、玩泥巴、种地、劈柴、做饭、喝茶……他的生活彻彻底底地融入了大地和日月星辰的呼吸之中。每天围绕"土，木，水，火"铺展开来的自然生活，让张娇在更多属于身体的劳作中，参透了物的本质，"真正的物一定是自然、多元的，带着生命的呼和吸，载着生命往前走。我们一旦懂得了物的本质，就不会被假物所带走，更不会因那些假的东西而焦虑。一盘菌子，从森林到餐桌只用了三个小时，当你品尝过它的鲜美之后，你就不会为从云南空运到北京的松茸买单了——这就是知物。塑料的成分，一个公式就出来了，而陶的成分，没有人可以用一个公式得出——这也是知物。"

生活即教育

张娇是土生土长的云南人，从小奔跑于自由的天地之间，爬树、玩泥巴、玩水、玩火、玩木头，摸鱼摸到不回家……父母种地、喂马、劈柴、做饭、做豆腐……这日复一日的生活，早已深深铭印在他的生命里。

带娃也是张娇的日常，"我美好的童年，是父母无意识中给到的，而现在，我要有意识地把我的童年给到女儿木木。教育就发生在自然而然的无为之中，生活即教育。孩子真正的力量，其实在童年就已经完成了。那是蓬勃向上的、无法阻挡的生命力。如果她会做饭，会种地，懂设计，可以自己做木工、建房子，待她长大了，你会担心她不能为自己创造美好的生活吗？"

木木是大自然的孩子，很会玩，也很能干。张娇的每一窑中，都有木木的作品，她把日复一日的生活捏进了泥巴里，又在这些烧好的泥巴里，做饭、做甜点、泡茶、过家家。木木有自己的小菜园和专用的柴烧茶具，我们采访的那天，吃了她种的豌豆尖，品了她给我们泡的红茶，豌豆尖很鲜，红茶很甜。木木很会爬树，"蹭蹭蹭"到了这棵树，"蹭蹭蹭"又到了那棵树，"嘎嘎嘎"的笑声结满了一树又一树。木木还会帮着爸爸把修好的陶坯端到屋顶上晾晒，也会帮爸爸搬木柴、盛米、煮饭。爸爸说："木木，去帮我们插个花。"于是，木木闪电一般地消失，又闪电一般地回来，手里握着的野花，往陶罐里一插，怎么就那么美！张娇说，带木木很享受，一点都不累。

有了孩子后，张娇希望能分享自己的自然生活和自然教育。除了带着木木，他也会带着更多的孩子玩泥巴、做陶。在古城附近，张娇和弟弟还合伙做了一个农场，养了一匹马，搭建了大柴灶和面包窑。他把花田幼学园和知物课堂都开在了这里。依然是带着孩子们耕作、收获、喂马、劈柴、做饭，好好生活。

在一个碗里
看到整个世界

张娇很享受做饭，在他看来，正是因为小时候品尝过真正的食物，长大了自然知道什么是好的食物，怎么做才好吃，"所有的事情，都是一通百通的。你可以在一个碗里看到整个世界。把物看通透了，精神也就通透了。有的人，去到整个世界，也未必看得清楚一个碗。如果看不到，它就跟你没关系。你看不到蓝天白云有多美，这蓝天白云就不在你的世界里，你看得到，这美就属于你。"

张娇说，我们应该让孩子从小就能看到生活的整体、食物的整体、物品的整体，如此，他们才能理解生命最本质的意义和价值。比如拿陶坯的时候，要用太极之力，那是一种整体的力，要去感受你拿起的是一个整体，而不是一个点，"回到我们的柴烧也是一样，配土、劈柴、做陶、烧窑，这是一个整体，美就在这样一个整体里。生活之美也是一样，它来自生活的一个整体节奏，这个整体才会让生命实现真正的自由和自在。就像画画，我们画的是一个整体，一个关系，没有孤立的好和坏，只有整体的舒服与和谐。"

当生活回归自然，它便是诗

在张娇的日常里，他可以用柴火烤一切，也可以用生活回答一切。柴火煮茶、烤栗子、烤面包、烤红薯、烤蛋挞、煮面条、焖米饭……生活即专业，生活即教育，生活即疗愈，生活即修行，生活即美，生活即道……

　　他的理想，就是办一所自然生活大学，所有的专业都是教大家如何生活，"如果你能把一瓶玫瑰酱做到全世界一流，你还用学英语吗？然而，你想要把一瓶玫瑰酱做到全世界一流，你必然要从种玫瑰开始。安静下来，好好地表达自己，才是生命唯一的路径。因为人只有一种健康状态，自由也只有一种形状。"

　　问张娇："你平时写诗吗？"他答：不写。可在张娇的生活日常中，却处处流动着盎然、自在而又无为的诗意。他说，当生活回归自然时，它便是诗。

青菜香菇芋头汤

【食材】
青菜、芋头、香菇、油、盐、姜

【做法】

1　香菇提前泡发、切碎。

2　芋头去皮切块，青菜洗净切段，姜切末。

3　锅中入油烧热，下入姜末和香菇碎炒香。

4　芋头入锅，加开水，炖至芋头软烂，再入青菜稍稍炖煮。

5　加盐调味即可出锅。

在张娇的厨房、工作室、半露天茶室、农场，随处可见或大或小、萌萌哒哒又土里土气的小土灶，它们拙朴又生动、自由又可爱，就像村里无拘无束的野孩子们。小土灶可以烧开水，可以煮粥、煮汤、煮面条，可以烤红薯、烤玉米、烤栗子……绝对的一灶通吃。如果你恰好有一块可以玩泥巴、玩火的地方，不妨带着孩子，一灶回到自然生活。

在户外搭一个萌哒哒的小土灶

功土 3:1
黏土
加水
和泥巴！

将要垒灶的地压平

开始垒灶！

可用水将表面抹平

可用木棍留下灶口

加竹锅圈

风干即可使用…

烧苞谷也很好吃！

还可用炉灰烧红薯板栗

弘沁

空白乃灵气往来，生命流动之处

留白，是本真素朴的建水美食和自然流淌的小城生活为弘沁铺就的生命底色；是她一直追求的空间美学和生活美学的至臻境界；也是她参悟并践行的教育理念和生命真谛。

食物的留白

　　下午三点，出了建水高铁站，弘沁便接上我们，直奔建水老街上的小吃店。凉勺粉、凉卷粉、羊奶菜米线、烤豆腐……还不太空旷的肠胃，却极为欢喜地迎接了这些带着弘沁儿时记忆的建水小吃。这是连接着乡愁和身世的美味，也是她每次回到建水的启动键，藉此打开那个属于从前，也属于未来的世界。这些朴素的建水味道，鲜活又安静，本真又克制，那是味蕾的诗意和留白。

　　在女儿9岁之前，弘沁是一名空间设计师。2014年，伴随着对生命和教育的思考，她在原本风生水起的事业上按下了暂停键，开始以在家上学的方式，陪伴女儿读书成长，并于2017年，和朋友们在昆明郊区的山上，创办了一所小而美的华德福森林学校。

建水人喜甜，所以在弘沁的童年时光中，有很多简单又美味的甜食，比如：过年吃的红糖糯米饭、可以热吃也可凉吃的红糖稀饭、天热的时候最爽歪的凉勺粉、日常早餐豆浆糯米饭……

"现在回想起来，我喜欢的建水美味大多是素食。"儿时，弘沁的奶奶每逢初一、十五都会吃素。那一天，奶奶会在大花瓶里插上清香木，然后给大家做好吃的素食。弘沁最喜欢吃奶奶做的茴香炒饭：先把茴香切得细细碎碎，炒在米饭里，出锅时再撒上烤香的花生碎，美味得不得了。

说到节庆，让弘沁印象深刻的便是清明节了。头一两天，大人们就开始忙碌起来。奶奶会插花，重新布置供桌，安排小孩子们剥豆子、剥蒜、准备果盘，"清明节当天，奶奶会做一个大炊锅，里面还有炭火，火还烧着，力气大的长辈拿箩筐一挑，全家人就这样浩浩荡荡、热气腾腾地上山了。到了地方，长辈们会给小孩子发香，一个一个找到祖先们的坟墓，磕头、烧香、许愿、供奉清明节食物，然后，大家就一起围着炊锅开始野餐了。那样的氛围，是很愉快的家庭大聚会。祖先看到了家族的繁荣、生命的传承，同时于我们而言，也是一段踏青、拥抱春天的留白时光。"

空
间
的
留
白

　　弘沁说，中午要给我们做一餐建水风味，于是一大早，我们就跟着她去菜市场吃早点，买菜。

　　穿梭于建水古老的街巷，真正震撼到我的，不是豆腐，也不是紫陶，而是这里古老的建筑和庭院，以及依旧带着古早气息的食物和生活方式。这让我想起老舍先生彼时到访喜洲古镇所发出的感慨：想不到这么偏僻的地方，竟有如此体面的市镇。

　　不同于大理，建水人更懂得欣赏绿叶，欣赏枝条。他们的庭院也会有大面积的空间，留给草地和青苔，这是中国文人审美里追求的呼吸、留白和风雅。弘沁说，"建水以前有很多四合院，在每一个人心里，这个院子一直都在。日常的插花会根据四季和节日有所不同，比如清香木、含笑、山茶花、松、竹、菊、梅、兰……不同的节庆日，会有不同的插花，不同的食物。"

近十年，弘沁的爱人、建筑设计师李罡先生，一直跟随弘沁中学时代的精神导师马辛林先生，在建水修复老建筑、老街巷、老院子。此时，我们和弘沁，正坐在李罡修复的老四合院里喝茶。雕花窗外的院子，树影斑驳，万物静好。

"我们中国人正是通过礼，让我们知道'我是谁''我的位置在哪里'。而现在，我们搬进了楼房，祖先的位置被电视替代。孩子们对空间缺少了敬畏，对天、地、人缺少了敬畏。而且孩子在这样的四合院里，也总是有他的乐趣，总能找到好玩儿的东西。如今，规规矩矩的房间、教室、操场、街道让这个世界变窄了，物质空间被填得满满的，孩子们的时间也被填得满满的，他们没有探索和沉浸的时间，没有留白。没有天地进来的空间，又怎么能生发诗意？生发对天地自然的感觉？"

教育的留白

　　童年的弘沁，经常会在老井边闲逛，在小街巷里溜达，街巷的尽头就是田野。捞鱼摸虾地玩一圈回来，在冒着烟火气的小铺子买个饼吃……"那时候的小孩子是很自由、很流淌的，和天、地、人完全没有隔阂，人也都没有那么紧，整个社会环境很安全，节奏也慢。"

　　在弘沁看来，培养孩子的美学眼光，首先就是要让生活慢下来，带着他去体验一些美好的仪式，体验人和人相处的一些愉快时刻。要让他对生活、对世界有感，对天地、人世有爱，"哇，你看那朵花从石头那里长出来，好美啊！——如果他对这样的美熟视无睹，毫无感觉；如果只是让他一味地画、画、画，内心却没有感动，那又怎么去培养他的美学修养？孩子活泼泼的生命的展开才是美学的起点。在中国文化里，天地人的和谐，人和自然、和自己、和他人的基本关系要从小培护。如此，他长大后才不会成为一个孤独的、钻牛角尖的人。"

清晨买菜时，弘沁花了 3 元钱，在菜市场的路边买了一大捧粉色的素馨（云南叫香香花），一路飘香地回到了家。她的先生李罡接过花，找了一个大花瓶便插上了。

　　啜了一口茶，弘沁的目光落到了这瓶自然灵动的素馨上："你看插花，本身就是一个日常的审美活动。我们在路边买到一枝花，找个合适瓶子插上，再找个合适的位置摆上就行。而现在它却被拔到一个很高的高度，远离了生活。茶道、花道、作曲、唱歌、舞蹈、绘画……都变成了一种专业技能，都必须跟随专业的人，专门去学习。真得要这样吗？小孩子很小就被送去进行专业训练，而缺乏自己自然地探索，那么他所掌握的艺术是被教导出来的，而非内在艺术性的天然生发，那种无限的可能性也就不见了。"

　　弘沁曾在她的一篇教学日志里写下斯坦纳博士的一段话：身为育人者，我们的任务是为他们排除身体和心灵上的障碍，使他本有的智慧与天赋得以充分自由地彰显。在她看来，艺术教育最重要的就是培养孩子有话要讲，且敢讲的自信和能力，"比如画画，小孩子天生就会，他虽言不达意，但内在却有东西要去表达。"

生命的留白

　　回到厨房，弘沁开始做午饭。建水的特色食材和特色烹饪方法，她娓娓道来。蒸臭豆腐、蒸藕泥、蒸萝卜丝、蒸豆团——弘沁只用了一口蒸锅，便做了四道菜。然后又麻利利地出品了建水特色的"草芽三吃"：草芽汤，草芽刺身，地椒（罗勒）拌草芽。一桌菜，简单美味、本真素朴。

　　看一幅画，看它的留白，可以看出画家胸中的丘壑，境界的高下。"恰是未曾着墨处，烟波浩渺满目前。"烹煮食物亦然，所有的笔墨都是为了引出食物美好的本真滋味。

　　每天，弘沁都会给自己留一段时间冥想，日复一日，已有 10 年。冥想是她给繁忙一天的留白，也是她回到自己，给心的一段留白。也许，懂得留白的意义，体验过留白的诗意，才能真正把留白灌注到自己和孩子们的生命里吧。

　　美学家宗白华先生说：空白乃灵气往来，生命流动之处。灵气往来，生命流动，便是人间至美。

茴香炒饭

【食材】

米饭，茴香，花生米，油，盐

【做法】

1 将花生米炒香，捣碎，保留一些颗粒感。

2 茴香洗净，细细切碎。

3 锅中入油，油热后放茴香碎翻炒。

4 再入米饭炒熟，加盐调味。

5 出锅装盘，上撒一层熟花生碎即可。

厨房里的
秘密花园

喜自然

在弘沁的厨房里，发芽的红薯、土豆、
生姜、大蒜，长叶子一端的白萝卜头、
胡萝卜头，长根一端的白菜头、芹菜
头，牛油果核……还有偶尔不小心摔破
一角的碗碟茶具，都藏着长成一片秘密
花园的可能。把它们或单独、或组合地
泡在水里，再加一两块小石头，或一小
根枯树枝，或一小片青苔，就是一个自
由随性的小盆栽了。

土地

Part4

—— 食物开始的地方

小丽

农场先种人，再种菜

小丽说，她来到大理，是偶然，也是必然。因为她终究要在"只为了钱而奋斗"的生活中醒来。她说，她像一颗种子，飘落在这片田野里，从此接上了地气，以一个和过去决裂般的勇猛姿态破土而出，开始了喂马劈柴、耕种采集，追逐森林、雪山、彩虹和果实的另一段人生。

彩
虹
猎
人

　　彩虹农场，是 10 年前小丽骑着摩托车在田间小径上瞎逛时的"艳遇"，她只
用了 3 分钟，便决定租下来。农场位于苍山洱海之间，雨后常有彩虹从这里或那
里冒出，所以，便有了这个名字。

　　整个三月，小丽和团队的姑娘们都在学习、采风。见到小丽的时候，她刚从云南
的最北极——羊拉乡的雪山上回来，浑身还散发着森林幽远的气息。

　　小丽说，她们在森林露营的时候，有一晚听到了狼叫。次日清晨，她在帐篷外的
不远处，发现了一根长长的豪猪刺——前一晚应该是狼在猎捕豪猪。

"害怕吗？"

"不害怕。"小丽答得轻松。

"那露营的时候会带一些防野兽袭击的装备吗？"

"没有，在森林里遇到狼，这不是太正常了吗？它是自然闭环的一部分，我也是。如果说在这个自然循环里轮到我了，我会坦然接受。但并不是说我要主动找死，但我接受这个规则。"

不得不承认，我被小丽的坦然和淡然惊讶了一下。

小丽每年有 80% 的时间待在农场，其余时间会去采风和采集，"彩虹农场的工作分为三个部分：耕种、采集、料理。我们去羊拉那边，其实就是为采集做考察，羊拉还保持着很多原生态的生活方式和饮食方式，食材、种子都很好。"

我问小丽："你的微信名字为什么是彩虹猎人？"

她反问我："你怎么理解猎人？"

"猎人，是在能维持森林正常循环之下的适度索取。"我答。

"是的，猎人的生存所需都从自然中来，但猎人不贪婪。彩虹农场的猎人，并非身怀高超猎技，而是对生命有尊重：君子爱食，取之有道。若单是追求高级食材，我们大可不必舟车劳顿，但我们相信，与产地的交流联系和产品的味道同样重要。"

小虎牙和
大花臂

　　小丽笑起来，有两颗可爱的虎牙。同时，她还有两个威风凛凛的大花臂。它们矛盾而统一地存在于小丽身上，以及她的出品和价值观中。

　　出生于山东的一个小乡村，小丽的童年自由美好。收割棉花的季节，她在一簇簇的云朵之间奔跑，累了就躺在松软的棉花云上做梦；桑葚满树的时节，她和小伙伴们一起爬上桑树，吃到满脸都是紫色……这些和大自然相处的童年时光，成了小丽的生命底色，她像一颗饱满而充满生命力的种子，即使沉睡多年，一旦遇到合适的时间、土壤，便会生根发芽。

大学毕业后，小丽在北京开了一家设计公司，每天只睡 4 个小时的日子持续了 5 年。小丽说，那时候的她像超市里的蔬菜，死气沉沉，"有段时间我觉得自己要窒息了，所有的声音填满了我的耳朵，所有的观点填满了我的脑子。我的两个脚迫切需要踩在泥土上，而不是楼板上。"

最后，小丽选择放下公司，去外面的世界看看。她去了很多地方，从欧洲再到中国的大小城市，直到大理。当时，小丽坐在双廊一家客栈的葡萄树下，一个白族阿姐划着船慢慢地从她眼前经过，然后上岸，给客栈送来刚打的鱼，"没过一会儿，客栈的阿姐就把鱼料理好，端上了我的餐桌。她又顺手从葡萄树上摘下一串葡萄给我。伴着阿姐们爽朗的说笑声，我吃着吃着就哭了，也是在那一刻，我发现自己安静了，我决定留在大理。"

今天的小丽，真诚、明朗，就像她农场的植物。那对大花臂可以盖房子、搭帐篷、开拖拉机、耕作、劈柴，也可以侍弄花草、做手工、冲咖啡、料理食物。粗犷的原木、茅草、木柴、火塘、甲马、陶器、鲜花、干果、酒缸、柴米油盐、食物诱人的香气……构成了彩虹农场猎人厨房的格调，也折射着小丽对生活和饮食的理解。

从农场到嘴巴，只需两秒钟

此时，农场的紫藤、梨花和一座座小山包般的琉璃苣开得正好，宛若紫色和白色的云朵散落在农场。小丽带着我们在农场转了一圈，如数家珍般地介绍着："这些食物，从农场到你的嘴，只需两秒钟。你吃的是什么？是鲜活的生命力呀！"

对小丽而言，食物、住所和爱，才是人真正需要的东西。需要食物，就去种植、采集；需要温暖，就去劈柴、生火。农场遵循着生态种植的模式，不用化肥，

不打农药。小丽基本是"凭感觉"种地，也会看一些国外可持续种植的资料，或询问本地阿姐有关传统农耕的方法，"不过，只要你每天都来农场，你就会知道土地和蔬菜需要什么？这些都是最直观的感受，然后就知道要怎么做了。"

在小丽看来，真正的农场生活并不是喝咖啡、晒太阳。农场的日常维护，照顾动植物，应付恶劣天气和不可预见的突发情况——这些才是农场的常态。

猎人的厨房和料理

彩虹农场的产出也没有一丝浪费，新鲜的食材会用最快的速度实现从农场到餐桌；吃不完的食材或晒干、或做酱、或腌渍，从而分享给更多的人。

这几天，恰逢蚕豆迎来大丰收，遇到这种情况，小丽就会邀请大理的朋友们来免费采摘、尝鲜，分享收获。于是，蚕豆焖饭、蚕豆汤、蚕豆粑粑也成为猎人厨房近期的主打菜肴。厨房没有菜单，地里有什么，就给客人做什么，"我们的框架在这里，该有的都有。但食材会随着四季变化。突然之间，今天花开了，我就很想做一道花馔，这个时候我觉得似乎有规则，又没有规则，它会生发出很多可爱又有生命力的料理。"

猎人厨房目前是预约制，不接受空降。也是因为小丽想让农场依然保有一份宁静，以及人与人之间最舒适的距离。

小丽说要给我们尝尝咸味的蚕豆粑粑。我们一起去地里摘了蚕豆，小丽便麻利利地做了起来，"人和自然相处，'取之有道'。我们好好照料脚下的土地，然后土地馈赠给我们健康的食材，我们将之烹煮成美味，即'食之有道'。"她将蚕豆糯米面团捏成一个个小面饼，便开始劈柴生火，"你看，我们连柴都是自己种的。每年给果树修修枝，就够烧好久了。"

猎人厨房的料理风格也带着小丽鲜明的审美趣味：喜洲粑粑开放式三明治、腐乳意面、豆汤火锅，梅子朗姆酒，小米辣朗姆酒……"我希望我的食客可以用嘴巴去旅行，他（她）在春天来到大理，我也一定要让他（她）的眼睛、嘴巴、肚子里都是大理的春天。"

先种人，
再种菜

绿色的蚕豆粑粑在红色的火焰上滋滋滋地唱着歌，香气慢慢飘散开来。猎人厨房的姑娘大头，不紧不慢地出品了一道农场枇杷酱蛋糕，和蚕豆粑粑一样惊人地好吃。

小丽说，做农场这十年，最深的感受就是：吃有生命力的食物让人变得越来越快乐，越来越松弛自在，"所以，我们还是大自然的孩子，其实人最终还是会知道，我们并不需要那么多不属于自己的东西，来占据有限的生命。"

彩虹农场一共有 8 个小伙伴，大家各司其职。厨房的姑娘们都没有专业背景，但她们首先是快乐美好的。小丽希望每个人都可以先爱自己、愉悦自己。当自己被充分满足了，不但做事效率高，人也会发自内心地快乐、散发美好能量。所以，她的彩虹农场是先种人，再种菜。

新年，小丽在朋友圈里写下：

种下的是什么，收获的就是什么。我们种下朴素、安静、踏实，也在心里种下了平和与喜悦。今年将会是丰收的一年。

祝福你，彩虹猎人。

食简单

蚕豆粑粑

【做法】

1 鲜蚕豆剥皮、蒸熟，茴香洗净切碎。

2 蒸好的蚕豆入盆，加茴香碎、糯米粉和盐。

3 将所有食材抓拌均匀，揉成不粘手的面团。

4 将面团搓长条，分成若干个小剂子。

5 将小剂子搓圆，压扁成圆形小饼。

6 平底锅中放油，将小面饼小火煎至两面金黄。

小丽说，礼物是爱的语言。在每一年、每一季分享收获的时候，彩虹农场都会有季节礼盒推出，温暖、素朴、天然，且带着满满的高级感——这源于小丽对礼物、食物、情意的理解，以及超级在线的审美。礼盒上一般还会附一张"好人相逢"的白族甲马，寓意人与人之间的"相逢"，珍贵也值得珍惜。

那么，如何为亲朋好友打包一个充满浓浓心意的礼盒呢？以下是小丽的秘笈：

把爱和问候
装进礼盒里

喜自然

礼物本身，最好是自己的手作、创作或用心挑选之物。

礼盒内的礼物可以有 3 ~ 5 种，外形上最好有大有小，有长有短。

外包装可以是手工制作的竹筐、草篮、布袋等，这样的包装不会喧宾夺主。

礼盒内的填充物可以是干草、干树叶、蜂窝牛皮纸、草纸等环保且有高级感的材料。

最后，别忘了放进去一张手写的或有特别意义的卡片。

礼盒外包装上还可以插一枝有季节感的植物。

用重建故乡的方式，回到故乡

大王

我一直相信，名字是有力量的。当王叟民在 2017 年回到故乡云南，被伙伴们第一次称作"大王"时，他便被赋予了这个名字的原型力量——他一直在做着一个大王应该做的事，规划、组织、连接，放入梦想和热情，勇气和意志，思索和探寻，以及一砖一瓦的构筑和搭建……在他和伙伴们建造的永续中心里，有认同和信任，支持和互助，有真正愉悦的生产劳动，有被大自然祝福的食物，也有安居乐业的人。

让餐桌
回到土地

　　采访大王，是在他发起并带领的见心研学行至大理站的时候。中和村的满山酒店，暴雨过后的户外草坪上，"大王私宴快闪版·见心花宴"在雨过天晴的欢呼声中徐徐开启。这是大王私宴自 2019 年正式启动后的第 18 场。

　　冠名大王私宴的大王，并未做过一次主厨，他在其中的工作是组织策划、文案撰写与推广、现场打杂及主持，"这些年，从农场到餐桌已经成为了大家对食材品质的一个追求。可我在想，我们的生产者能不能就站在他耕耘的那片土地之上，分享他的收获？如此，消费者对于生态种植和生态产品的理解可能会更深刻。另外，通过这样一场美好、隆重、有仪式感和故事感的进餐体验，也会让我们的农业生态、生产者和农产品的形象发生一些变化，同时也为这些生态产品去到消费者的餐桌，提供了更愉悦的连接和更多料理方式上的启发。"

　　这几年，以野奢和非凡体验为追求的山野餐桌逐渐多了起来。但于大王而言，大王私宴和它们有本质上的不同，"我们回到了土地，回到了生产端。大王私宴不只是做一个餐桌，它背后是这些生态食材的生产者以及生产者所在的村庄或者农场。我们还会延伸到村庄的文化，以及在地老品种农作物的保护。我们不会选择那些以猎奇为主的'名贵'食材，甚至口感都不是第一追求，我们首先希望食客能意识到：我们吃的是什么？什么才是真正的食物？这，才是大王私宴的灵魂所在。"

把对村庄的想象
放入永续中心

　　大王是云南宣威人。大学时学习农村区域发展，毕业后加入了温铁军发起的一个以生态农业和环保农村为主题的乡建项目。从华中，到北京，再到河北，大王一干就是 10 年。

　　2017 年初，他回到云南。和诸多返乡青年不同，大王回来的第一件事并不是找块地做农场，而是连接云南的生态从业者，成立了永续中心。大王给它的定义是：构建生态、学习、韧性可持续的区域成长系统。永续中心又包含云丰耕乡合作社、永续学堂和见心社三个组织。而见心研学和大王私宴，都是见心社涵盖的项目。

　　可以说，这是云南生态圈的一个小小王国，也是一个没有物质身体的村庄。大王把对村庄的想象，如生态、可持续、可循环，也都注入到了永续中心，"从我自身来说，纯粹做一个以生产为主的农场，会有很多限制和困境，因为在那片土地上，除了自己之外，已经没有他人。我更想和村庄发生关系，村庄有历史，有风俗文化，有真实生活在其中的人群。这里面就有很多的元素和很多的可能性，它们才能为生产和产品赋予更多内涵。"

在大王看来，村庄自有一套和谐、完美的连接和互动的机制，"我们这次研学走过的村庄，虽然已在商业快速扩张和冲击下发生了很大变化，但它依然拥有这样一套机制。比如大理蓝染之乡周城的龙泉寺。这个寺庙没有出家人，就是村子里的一些老人自己管理。刚过去的火把节也是白族最盛大的节日，村子完全自行组织这样的庆典，大家一起出钱，共同组织参与活动。"

在大王看来，凝聚一个村庄最重要的东西是强烈的认同，相互的信任，以及便利和互助。永续中心的云丰耕乡合作社目前大概有 40 个成员，来自云南不同的生态农场和平台，大家在一个趋同的价值观和理念之下，团结互助，不断提升和成长，就会慢慢成为一个理想村庄的模样。

让这里出生的孩子都能看见水稻

2019 年，当永续中心的成员、返乡青年杨喜邀请大王到她的家乡共商种植生态水稻、恢复稻作文化时，大王的眼睛亮了。杨喜的家乡位于玉溪国家一级水源地抚仙湖的东南岸，这里已经有快 30 年没人种植水稻了。50 亩土地，加上大王、杨喜夫妇在内的 7 个返乡青年和 3 个村民，很快开始了在这片土地上的耕耘。

"插秧的时候，就有一个村里的老太太过来烧香，嘴里念叨着：有人来这里种水稻了。夏天的时候，我们除草、耘田；每逢节气，我们都会在稻田里抓拍一张照片，让大家对农业生产和二十四节气的关系有一些更深入的认知；丰收的时候，我们组织了一系列活动，包括祭祀、永续中心年会、稻田音乐节、水稻收割及脱米体验、稻田市集、稻田餐桌等等。我记得，稻田市集上来了一位老奶奶，在那里编稻草墩卖，还有人来现场做爆米花卖。我们真正在稻田里把收获分享给了大家。"

大王说，在中国传统的农耕文化里，农业生产和人们的精神、物质生活以及各种创造，都是融合在一起的。那时，人们会在田地里起舞、唱歌，每一个人都非常开心和愉悦地从事生产活动，"我们的稻作复兴，也是想看看能否再把这些丢失的东西找回来。我们甚至想让未来在这个地方出生的孩子，都能看见水稻。"

　　这也是经由食物，回到我们的血脉和根吧。倘若一个人在他出生的地方，依然能看到祖先世世代代的生活与生产方式，看到天地自然馈赠给这片土地的食物如何滋养着生命，那么，在他长大成人的时候，他还会问：我是谁？我从哪里来吗？

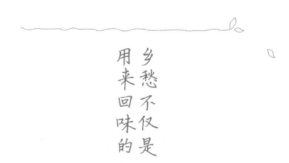

乡愁不仅是用来回味的

　　土豆、面条和米粥，基本贯穿了大王的餐桌日常，"小时候吃得最多的就是土豆，把土豆往火膛里一扔，火灰就可以把它烧熟；新收获的土豆去皮、切片，煮一下，不煮熟，放到太阳下晒干，吃的时候油炸，很像现在的薯片；土豆和酸菜炒或是和西红柿做汤，都是我至今仍喜欢吃的。"

至于面条，更像是他离开云南的十多年中遇到的至爱。大王不喜欢云南那种"煮几分钟就得赶紧捞出来的细面条"。他更爱北方面条的劲道，"即使煮久了，也不会糯掉。"这也像极了大王做事情的态度：可以失败，可以等待，但不可以放弃。

大王说，自从种水稻之后，他整个人都发生了一些变化，自觉褪去了很多焦躁和自得："成熟水稻的稻穗是垂下来的，而我也在这脚踏土地的耕作中，慢慢成熟了起来。清晨，用我们的胚芽米煮一碗粥，再加一点腐乳，就非常满足了。"

如果说土豆是大王童年时代便认定一生的美味，面条是他异乡漂泊时抚慰胃肠的至爱，那么米粥便是他蓦然回首时捡拾到的幸福。也正是自始至终编织在大王生活中的、这条关于食物的情感、记忆和找寻的线索，最终长出了大王私宴。

在一篇关于大王私宴的介绍中，大王写道：

在云南乡野的奔跑中，那些食材与风物冲击着我，懊悔兜兜转转十多年，才真正有意识地注视云南，感觉自己找到了一种力量，或者说被一种东西深深吸引……每一个故乡，都有这样一种味觉力量。当它们相连，与城市形成食物与情感的流通通道时，乡愁，就不仅仅用来回味了。

連接过去和
未来的村庄

　　这次的见心研学为期 18 天，从昆明，到玉溪，再到楚雄，最后至大理，十几个地方，3 场快闪版大王私宴。其间，团队走过了很多村庄和农场，还有分散在新乡村建设这一链条上的餐厅、社区、庄园、市集、图书馆等。在大王看来，这也是他个人的一次行走，很多事情仅局限于生态农业，很难有突破，只有关注到外部环境，新乡村发展才会有更整体的格局。

　　问大王，理想中的村庄是什么样的？他答：这个村庄必须要有自身的系统，又能和外界和谐对接。既有传统农耕时代的田园，又有现代便利的精致生活。有属于乡村的生产生活交易，也有并行于此的现代商业活动。有约定俗成的道德标准，还有成熟完备的公共性服务……老村民安居乐业，新村民愿意进驻。

　　实际上，大王已经有很多年没有回到他出生的村庄了，那是他热爱的，影响他一生的，回不去的故乡。从来不曾想起，也永远不会忘记。而大王的找寻之路，便是用重建的方式，藉由味觉的力量，回家。

煎土豆饼

【食材】

土豆，鲜辣椒，盐，油

【做法】

1 土豆洗净，去皮，切厚片，蒸熟。

2 蒸好的土豆捣碎成泥。

3 加入红、绿双色鲜辣椒碎，拌匀。

4 煎锅开火加油烧热。

5 土豆泥做成饼形，下锅，单面煎黄，略撒盐。

6 翻面，煎黄，再撒盐即可出锅。

大王和朋友们的
土豆盛宴

大王对土豆的情感，又怎一个爱字了得？如果只给他一筐土豆作为主料，该如何高大上地宴请朋友们？且看大王几乎是秒回的土豆盛宴食单：

大王给朋友们安排的
土豆盛宴

寻味
云南传统土豆片
叫花土豆
三色酥黄独

有味
厚煎土豆饼
灯笼土豆
番茄土豆浓汤

重味
创意土豆茄子
薯泥塔塔
油鸡枞土豆焖饭

回味
土豆冰淇淋
气泡空心土豆

炸

烘烤

先炖煮

灵感来源
《山家清供》
酥黄独

先炒后料理机

他山之石
创意菜

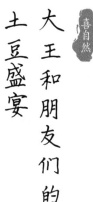

土豆是平民食物，却又极其重要，做法简易多样，几乎人人喜欢。以常见之烹饪为始，开启捕捉其味，逐渐以烘烤、炖加之不同调料创意出品，接连惊喜与期待的进行，最后再回到土豆本味。现场可以考虑木制、金属材质餐具，麻、竹编等容器

食单解读

寻味

云南传统土豆片：滇东北炸土豆皮，类似薯片。

叫花土豆：小土豆清洗裹泥，用锡纸包好，放入烤箱烤熟。

三色酥黄独：红、乌、麻/白三色土豆切滚刀块（《山家清供》版酥黄独的复刻演变）。

有味

厚煎土豆饼：小土豆煎至刚熟，再去皮，案板上整个压扁，油炸至金黄出锅。

灯笼土豆：土豆选较圆的，两边垫筷子，切片，不切断，拉开，围成圆，用牙签固定，油炸出锅，浇上番茄汁。

番茄土豆浓汤：番茄、土豆块、洋葱炒制，用料理机打成泥。

重味

创意土豆茄子：长形土豆对半切开，掏出中间部分，蒸熟，制成土豆泥，与芝士、菌子等混合，再填入掏空部分，烤熟。

薯泥塔塔：土豆泥做成圆饼，上铺圆形煎鸡蛋和黄瓜片，再抹上牛油果泥。

土豆油鸡枞菌焖饭：土豆去皮切丁，下锅煸炒一会儿，加豌豆米及盐炒熟；焖饭，米饭煮至无水状态时，铺上炒好的土豆丁、豌豆米，继续煮至米饭熟，再加入油鸡枞，拌匀。

回味

土豆冰淇淋：土豆泥搓成圆球，浇上牛奶及酱汁。

气泡空心土豆：土豆切片，用盐水泡后沥干，烤箱烤熟，搭配薄荷酱汁。

家园是要用一辈子来建设的

返乡建朴门农场，复兴稻作文化，深耕乡村美学……喜喜和三哥说：我们要用一辈子，推动一个村庄，推动一群人，在抚仙湖畔，建一个万物和谐的未来社区。

少年的梦想
早已成真

20 年前，刚刚中专毕业的喜喜，有了一份月入 300 元的工作。彼时，弟弟杨川还在上学，喜喜每月会把工资的三分之一拿出来，给弟弟做生活补给。有一天，杨川对姐姐说：我总觉得将来有一天，我们会带着家乡的一群人做一些事，"我们现在还这么小，甚至连饭都吃不饱，能带着他们做什么事呢？"这对于当时的喜喜，像是一个遥不可及的梦。但她，一直记得。

2024 年，喜喜和先生三哥、父母、弟弟杨川，在他们一家祖祖辈辈生活的土地上，用一砖一瓦，一草一木打造出来的晶喜庄园，已经进入第十个年头。2019 年启动的抚仙谷稻作复兴计划，让琉璃万顷的抚仙湖畔，在稻田消失 28 年之后又重飘稻香。村子里有越来越多的人进入晶喜庄园和抚仙谷工作。少年的梦想，早已成真。

没有任何一个地方，
可以超过抚仙湖的美

同大多数希望通过"出走"来改变生活的年轻人一样，喜喜在 20 岁那年去广州打拼。从摆地摊，到开公司赚到人生中的第一桶金，她只用了几年时间。最重要的是，在广州，她遇到了三哥，一个未来要和她一起回到故乡，建造家园，实现梦想的人。

三哥是广东人，大学毕业后在广州做服装设计师，是一个审美在线，又懂得享受生活的文艺青年。晶喜庄园与美学相关的部分，都由他操刀设计。

喜喜说，在她未离开抚仙湖之前，并不认为它有多美，再回来才发觉，在这里长大是一件多么幸运的事，多么值得珍惜，"我和三哥都喜欢旅行。我们一起去了很多地方，看过大都市的繁华，也领略过山川的壮美，但没有任何一个地方能比得上抚仙湖的美。"

于是，广漂 8 年后，喜喜和三哥决定回到喜喜的家乡。在做这个决定时，喜喜已经是一位准妈妈，给孩子一口干净的食物、一个真正的童年，也是她和三哥的共同心愿。在广州的时候，一家人一年到头聚少离多，是晶喜庄园，让喜喜和父母、弟弟重新团聚在了一起。

10 年前，晶喜庄园是一片荒凉、石漠化严重的山坡。为了保护抚仙湖国家一级水源，政府对于湖边的建筑和农田监管越来越严。"既要发展经济，又要保护环境"成了可以面朝大海，诗意栖居的前提条件。喜喜和三哥把庄园定位在了乡村美学经济的探索上，以友善可持续的生态农业、体验式乡村旅行和在地自然教育作为晶喜庄园的发展方向。10 年来，晶喜庄园与他们的两个女儿一起，日新月异，不断生长。

让抚仙湖畔重飘稻香

　　这次采访，正是抚仙谷的稻田丰收节，持续两天的活动，有神圣的传统祭祀仪式，有体验传统农耕方式的收割活动，有稻田音乐节、稻田市集，也有经一米一食而赞美天地自然的稻田宴。

　　2019 年，政府为了保护抚仙湖而开始推进农产品种植结构的调整，鼓励大家多种水稻，喜喜听到这个消息很兴奋，只用了 5 分钟就决定在抚仙湖畔种水稻，复兴稻作文化。抚仙湖畔曾经是滇中粮仓，鱼米之乡，但那时，这里已经有 28 年没有种植过水稻了。很快，由喜喜、三哥、大王、杨川等 7 位返乡中青年和 3 个村民组成的抚仙谷稻作复兴团队成立了。自此，抚仙湖畔又重飘稻香。

　　在喜喜看来，"抚仙谷稻作复兴，把一个简单的水稻，延展到了乡村、文化、旅行、教育，连接到了村民、村庄和故乡。一个农作物能生发出那么多东西，这是我觉得非常有价值的事情。慢慢地，我们就把米玩起来了……"

造一个经得起时间淘洗的家园

　　三哥的童年，就是在田野里疯跑，捉泥鳅、抓螃蟹，放牛、追蝴蝶，吃地瓜、甘蔗……那是每天都被大自然和素朴有味的生活热烈拥抱的时光。现在，在陪伴着庄园和孩子们慢慢长大的这七年，他好像又和过去连接上了。

　　有一年，三哥去瑞士，看到那些几百年的庄园时，心里就埋下了一颗小种子。这些年，他想要建造的晶喜也是一个几百年的家园，可以一代代传承下去，"一下子做好就没意思了，它一定是慢慢长出来的，如此，才经得住时间的淘洗。而且一个完美的建筑，人类完成的只是 60%~70%的部分，剩下的需要交给大自然去完成，直到建筑和周围的环境山水融为一体。"

　　三哥系统地学习过朴门永续，庄园里的一些建筑、农耕理念、排污系统都遵循了朴门的设计原则。不过，在他看来，"向大自然学习，与大自然和谐相处"也是我们老祖宗的智慧，只不过都是口口相传，没有系统地记录梳理罢了，"比如用在地的材料建造房屋，色彩与周围环境和谐；比如食在当地当季、多样化种植、轮作、套种……村里的大爹大妈都懂，只不过在我们年轻一代的生活和生命中丢失了，需要慢慢找回来。"

　　三哥和喜喜还是废物利用大师。三哥经常会去附近的村子转，从大爹大妈那里收集老种子，向他们请教农耕知识，也会捡现代生活冲击下被丢掉的"破烂"——农耕时代的劳动生产工具、生活物件，拆老房子废弃的二手木材、石头、家具等。待拿到晶喜庄园后，稍作清洗养护，它们便重新在合适的空间位置上，气宇轩昂。

香根草,
向下扎根
向上伸展

喜喜的自然名叫香根草，庄园打造初期，她就想寻找一种植物来解决土地石漠化的问题。最终，她找到了香根草，它不仅耐干、耐旱、耐冷、耐贫瘠，而且根部可以穿透坚硬的土地，在砾石岩层之间最薄弱的地方，垂直向下扎根，深度可达 3~5 米。喜喜说，香根草在各种艰苦的环境下都可以扎根生长，很像她的个性。

童年时的喜喜懂事又能干。7 岁时就带着 5 岁的弟弟，承担起做饭、做简单家务和农活的工作，"小时候最美好的事情，就是周六、日和父母一起去地里干活。爸爸会一边干活，一边给我们讲抚仙湖的传说。爸爸妈妈还会唱他们小时候的歌，然后再教我和弟弟一起唱，特别美好。"

在晶喜庄园丰富的早餐中，米线从不缺席。在诸多的拌料中，有喜喜妈妈手作的菌菇酱、腐乳、酸菜，但最惊艳的还是焯水后作为配菜的韭菜，甜甜糯糯香香。喜喜说："这韭菜的根是从爷爷的小菜园里挖的，几十年了，就这么分根移栽延续到现在。每次带大家参观庄园的时候，我都会自豪地说，这是我爷爷留下的老品种韭菜。"这些连接着身世的回忆和食物，都是那棵叫喜喜的香根草扎下的根吧，强健有力，支持着成年之后的她，可以如此自由、精彩地伸展、创造、做自己。

幸福本来的样子

　　与一直用奔跑的速度去实现自己的喜喜不同，三哥是一匹自带刹车系统的野马。他说，在抚仙湖可以找到灵魂想要的东西。三哥经常是那个在跑累了的时候拽住喜喜，一起回到当下的人，"我经常在忙碌的瞬间，会突然定住几秒，看着女儿和我一起干活，看着这天地美好，就会想，太棒了，生活本来就是这样。"一张一弛，文武之道。这也是晶喜庄园既能不停地生长，又能把慢的品质和美好做出来的原因所在吧。

　　喜喜说："庄园有 170 多种植物。突然间又开花了，突然间又结果了，有些我们会管理，有些就随它去，但它们总是会带给我们惊喜。经常发现有只鸡不见了，突然间就带了一群五颜六色的鸡宝宝回来。我们的鸡都是放养杂交的，所以它们的蛋也都是五颜六色。鸡到处下蛋，狗狗们到处去吃鸡蛋，蛇也会到处吃鸡蛋……我们的农作物也会留一部分给小鸟小虫子吃。在这个大庄园里，我们在吃，小动物也在吃，大家一起共享这些食物，共享大自然的馈赠……"

　　是呀，四季更迭，春耕夏长，万物闪光。

抚仙谷胚芽米饮

食简单

【食材】
胚芽米 1 杯，核桃 1 小把，腰果 1 小把

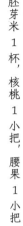

【做法】

1 将所有食材放入可加热的破壁机或者豆浆机，加适量水。

2 选择豆浆或者米糊功能，打成丝滑的米饮即可。

喜喜特别喜欢香草，经常会用香草做菜和饮品。2017 年的春天，学习了朴门永续生态农法的三哥开始在农场打造一个香草园。

香草园整体设计成树叶形状：三哥带着大爹大妈，把村民拆老房子扔掉的瓦片和砖捡回来，瓦片勾勒出叶子的形状，砖用来铺"叶脉"，作为步道，自然完成了区域划分。

三哥说，老鼠呀、虫子呀都不喜欢香草的味道，所以，蔬菜瓜果在香草园会长得特别好。现在，有四五十种香草和蔬果在这里茁壮生长。后来，喜喜又和做自然教育的老师一起，带着孩子们用废弃的 PVC 管建了蚯蚓塔。香草园的中间，还有一个螺旋花园，也是用捡回来的石头砌成。花园的最顶端是一株大仙人掌，依螺旋而下，是多肉、紫花苜蓿、菜薹、绿箭薄荷、小葱，还有自己飞上去的蒲公英。

如今，这个立体丰富的香草蔬果园，是晶喜庄园践行朴门和自然农法理念的试验田；是开展自然教育、食育美育的大地课堂；是从农场到餐桌的有力保障；还是喜喜和三哥两个女儿的游乐园……它是晶喜与大自然的杰作。

如何打造一个自然香草园呢?

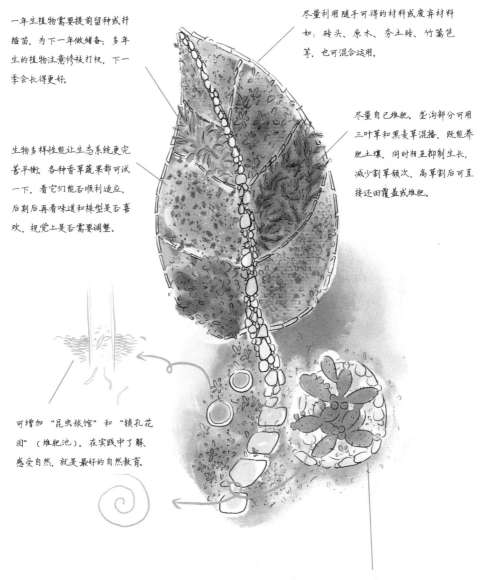

一年生植物需要提前留种或扦插苗，为下一年做储备；多年生的植物注意修枝打杈，下一季会长得更好。

尽量利用随手可得的材料或废弃材料如：砖头、原木、夯土砖、竹篱笆等，也可混合运用。

生物多样性能让生态系统更完善平衡。各种香草蔬果都可试一下，看它们能否顺利适应，后期后再看味道和株型是否喜欢，视觉上是否需要调整。

尽量自己堆肥。垄沟部分可用三叶草和黑麦草混播，既能养肥土壤，同时相互抑制生长，减少割草频次，高草割后可直接还田覆盖或堆肥。

可增加 "昆虫旅馆" 和 "锁孔花园" (堆肥池)。在实践中了解感受自然，就是最好的自然教育。

设计可遵循立体有层次的原则。空间有限时，可选择螺旋造型善用立体空间。面积大的可设计滴灌或者喷灌系统，面积小的用人工喷壶即可。

玉笋

将万物连接，我们可以无为

玉笋的懒，在圈里是出了名的。她懒得花时间花精力在做饭上，她说，食材好，随便怎么弄弄都好吃；她懒得花时间花精力在精耕细作上，"就让大自然把土地接管了吧。"她的土地也无比诚恳地回报了她。

我和玉笋都极为尊重的农耕老师阿喜说：现代人类的忙碌是自取的……其他万物的工作，人类都要做。将万物连接，我们可以无为。天不会少给，是我们不会收……

玉笋，在苍山脚下一片 50 亩的土地上，用 10 年力排众议的"懒"证明了老师的话。而这个懒，在我看来，是尊重、是求真、是无为的智慧。

归零是结束，也是开始

玉笋的农场叫归零园，事实上，这 12 年，她不但在物理意义上回到了乡村，回到了土地，也在精神意义上回到了故乡，回到了本初。归零是结束，也是开始。

10 年前，玉笋是江西一家医院的妇产科医生，拿着手术刀，在完全无菌、无机的手术室里，迎接着一个个新生命的到来。然而，二十多年的医院一线工作经历，却引发了她比常人更多的思考：为什么医院、医生越来越多，却始终跟不上病人的增长？为什么各种癌症、慢性病，还有其他怪病越来越多？而在她刚学医的20世纪80年代，一切并不是这样。

于是，她萌生了过自给自足小农生活的想法。2013 年，玉笋夫妇辗转来到大理。经过近一年的寻找，于 2014 年 5 月底，正式成为"大理新地主"。

让大自然把土地接管

采访玉笋的时候，正是她收获大马士革玫瑰花的农忙时节。大马士革玫瑰是所有玫瑰中的极品，汲取了一年的天地精华，只在 4 月中旬至 5 月初盛放。为了最大程度地锁住花香，采集到最高品质的花朵，所有采摘工作通常都是在早晨 6:30~9:00 完成。

8 年前，玉笋种下了这些玫瑰，行距 2 米，株距 1.5 米。拥有如此阔绰间距的大马士革玫瑰花田即使在生态圈也是罕见的。所以你可以看到，每一根枝条、每一朵花，都是那么地自由舒展。在玉笋看来：植物和人一样，需要连接，也需要独处。当它们不需要花太多力气为争夺生存空间而内卷时，便可以充分地成就自己。

　　玫瑰花下方，是与它共生的各种杂草。玉笋说，这块地每平方米内应该有几十种杂草，若杂草太单一，就说明土地还不够健康。她指着农场边缘的一小片土地说，"你看那块地就很明显，以茅草居多，同一时间种下的玫瑰相比这边也比较弱小。其实土里什么样的种子都有，土壤到了什么程度，适合什么种子发芽，就会长什么植物。茅草是先锋植物，它根系发达，可以破土，起到松土作用。等土壤更健康了，其他杂草就会生长起来。"

　　玉笋让我们用脚去感受两块地的不同，果然那片长茅草更多的玫瑰花地，土地更硬。而杂草丰富的土地，脚踩下去是松软的。问玉笋，那一小片相对贫瘠的土地是否可以用些天然肥？她答："用肥的确会提升植物的生长速度，但用肥多了，虫害、病害都会起来。我们的做法就是控制草的高度，不影响玫瑰的光合作用。割下来的杂草直接还田就是最放心的绿肥。"

正气内存，
邪不可干，

　　这几年，随着对土地、对生命的理解逐渐深入，玉笋也开始学习中医。她发现，她所遵循的自然农法，其实与中医视角下的人体和疾病是同一套逻辑，"土壤和人体一样，都有自我修复能力，甚至比人体更强。所以我们种地，不会关注虫和病，只关注如何让土壤更健康。跟人一样，正气内存，邪不可干。土壤健康了，就不会有病虫害。"

　　在不知道用什么具体办法让土壤更健康的时候，玉笋的选择就是用时间换空间，相信土地的自愈力，尽量减少对它的干扰——这也是懒人农法的核心理念。想清楚了这些道理，玉笋的心中也宛若有了一根定海神针，"不管是农业圈还是医疗圈的朋友，都曾对我嗤之以鼻，但我还是坚持了下来。"这也是玉笋的英雄主义吧。

这 8 年来，她的大马士革不仅没有生过病，馥郁纯净的高品质出产，也让玉笋有了稳定且不错的经济收入——玉笋以农场出产的玫瑰花、天竺葵、迷迭香、薰衣草等芳香类作物为原料，提取精油和纯露，以做手术般的严苛态度，研发了一套纯天然护肤系列，这几年风行生态圈。

我们就是我们吃的食物

归零农场也是惨遭遗弃的大树小树的收容所，"有些树是村子里的人盖房子不要的，有些是种得太密或嫌品种不好淘汰的，我统统收留。我不在乎树的品种，我相信每一棵树每一个果子都有它的价值。"这几天恰逢归零农场的几株云南老品种樱桃进入成熟期，玛瑙般的果子滋味浓郁丰富，每一粒进嘴，都是全身心的欢呼。

玉笋指着几排李子树说："这些也是被遗弃的李子树苗，我就都拉来种到了这里，前期给它浇浇水，活了之后就不管了。前三年，结的果子又硬又酸又涩。心想，也许就这品种吧。哪想到了第四年，果子却突然变得非常好吃。"玉笋把这个过程叫做果树的戒毒期，因为从小树苗开始，就给它用肥、用药，突然到了归零农场，什么也不给了，它就必须发展出更强大的生存能力，所以到第四年才恢复了本性。

由于这些年一直吃纯净的食物，加之玉笋本身的饮食口味就比较清淡，所以她也发展出了一个独特的能力：但凡用过农药、化肥、除草剂等化学物质的水果蔬菜，玉笋吃一口就能鉴别出来。我也称她为"人体农残检测仪"。

"植物在生长过程中，无时无刻不在接受着宇宙间的信息，肥料，农药，还有环境中的其他信息，都会接收到。残留在食物里的信息，也就进入我们身体、成为我们的一部分。所以我们就是我们吃的食物。"玉笋笑言：她的回归田园，并非情怀，她也不是那种哭着喊着要种地的人，"仅仅就是想给自己找口干净的食物，出发点很自私。"我们对待自己的态度，又何尝不折射着我们对待他人和其他生命的态度呢？当关注到自己的需求时，推己及人就好了。当关注到生命最本质的需求时，拓展到更多的生命就好了。人，植物，动物，都一样。

我们拿钞票在投票
农民的种植方式

刚租下农场的时候，这块地是农民嘴里标准的卫生田：用了三十年农药、化肥、除草剂。地里没有有机质，没有蚯蚓，没有微生物。干净到除了农作物，什么生命也没有。而农业又是一个大投入、慢产出的产业。所以玉笋说，一定不能急，"如果我有 10 万元，那我只会做 1 万元的事。心态决定了事情的走向。拿到这样的地，必须是玩儿的心态。病来如山倒，病去如抽丝。土地这 30 来年病得很重，不可能一朝一夕就恢复正常。所以不能着急，一旦着急，就会琢磨如何让它有很好的产量，想赚钱。那就没办法保持初心了。"

　　玉笋也从来不会说农民不应该用药、用化肥，"他首先要生活下去，他没有义务为消费者提供最高品质的食物，因为价格不由他定。消费者是拿自己的钞票在投票农民的种植方式。如果大家都能接受歪瓜裂枣，他就没有必要用化肥农药了。"的确，我们的食物如何被种出来，取决于我们如何看待食物，如何消费食物，我们的满足感究竟来源于什么。

人命关天
的工作

　　从科学主导的医学领域到向大自然学习的自然农耕；从人可以改造万物、发明一切的西医逻辑，到臣服于天地宇宙运行规律的中医思维，玉笋的人生不是转折，而是反转。也许是"物极必反"这一宇宙意志，早一步在玉笋身上得到了验证吧——经历无机世界里极致的干净和科学世界里农业、工业的污染，她唯一能做的只有归零、反转。

　　放下手术刀，拿起镰刀——从之前忙碌到瞬间把饭扒到肚子里的食不知味，到如今"从农场到嘴巴"只需要 3 秒钟的满足开心，世界在玉笋的眼里完全变了模样。以前，她觉得无机是干净的，她不能脱掉手套去面对自己的工作；如今，她可以随手摘个草莓就丢进嘴里。她说：沾点土无所谓，只要不沾化学物质，就不脏。之前她从事着人命关天的工作，如今又何尝不是呢？不同的是，过去，她的工作是逆转自然，改造自然。今天，她是大自然的学生，大地的赤子……

水芹蔬果汁

【食材】

野生水芹（可用西芹替代），生姜，温开水

【做法】

1 水芹菜洗净，切段，生姜切片。

2 以上食材放入料理机，打成汁即可。

竹叶小船

和玉筝在田间闲逛，偶遇竹子，她顺手扯下一片竹叶，折成一只小小的船。带着孩子把小船放入小溪、小河，随波逐流；抑或在小船中装入茶点、水果、小菜，在大自然中野餐……生活也是因为这些细小的美好而闪亮吧。

竹叶小船

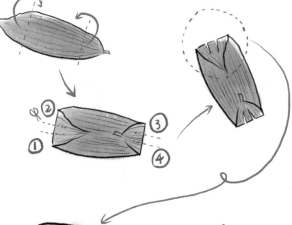

【操作步骤】

1　找一片竹叶，折起两头。

2　将两头平均分成三份，撕开或剪开，注意不能剪断。

3　将中间部分置于底部，左右两头相互交叉。

4　两头重复即可。

土地可以把一切不如意转化为欢喜

赵志恒

9 年前，赵志恒关掉自己在广东做得风生水起的服装企业，带着妻子和刚出生的小女儿来到大理，把双脚和余生都郑重地交给了土地。这些年，他像六七月份的秧苗一般，默默扎根，默默汲取养料，看似平平淡淡，实则奋力生长。他只想做一件事：种出被土地和大自然祝福的稻米，不仅要纯净美味，产量和价格也要向当地常规种植的稻米看齐。他说，唯有如此，大多数人才能吃上美味健康的大米，大面积伤害土地环境的行为才会被真正终止。

躬
身
入
局

从河南到广东到云南，从农夫的儿子到打工仔、总经理、老板，再到农夫，赵志恒用了 30 年的时间，似乎画了一个圆。

曾经，世俗的成功让他拥有了衣食无忧的生活和不怕困难的深度自信。然而，忧患还是在他不惑之年不期而至，"一开始觉得环保就是不用塑料制品和一次性制品，尽量用手绢和自己的碗筷。但是真正溯源后才发现，养殖业、农业才是最大的污染源。食物出了问题，再溯源就是水土出了问题；水土出了问题，再溯源就是人心出了问题……"

看着地球伤痕累累，看着身边的亲人病故，加之小女儿这个新生命的到来……赵志恒最终决定回归土地，找到根源，躬身入局。"从无知，到看个一二三；从种不出，到卖不出，再到团队磨合……来大理后，我一个个坑跳进去，再一个个坑爬出来。但不管怎样，我都不会离开土地了。"

苍山脚下，稻田似画。他蹲在田埂上，指着刚刚种下半个月的秧苗说："秧苗根的颜色直接反映着秧苗的健康状态。俗话说：白根强劲，黄根保命，黑根生病，灰根要命。我们的秧苗不仅全都是强劲的白根，而且根的长度比苗还长。种下去，没有返黄再返青这个动作，直接开长。"

赵志恒的童年，也如这秧苗一般，生命力极强。

六七岁的某一天，父母姐姐都在田里干活。他跑到地头喊：

"吃——饭——啦——"

"去哪儿吃饭啊？"妈妈回。

"回——家——吃——"

"家里哪有饭呀？"

"我做的！"

所有的人都难以置信，但他真的做出一锅面条来，"那时候觉得父母很辛苦，就在家里学着妈妈的样子和面、擀面，最后真就把面条给做出来啦！"

很小的时候，赵志恒就帮着家里捡柴、放羊、放鹅。再大一点，就参与到力所能及的农事中去。读书后，每天放学他都要跟姐姐一起给全家做饭。不仅如此，他还会偷偷捣鼓妈妈的纺车、织布机，慢慢地竟学会了纺线和织布。爷爷是木匠，在给爷爷"瞎捣乱"的过程中，他又学会了木工。

20 世纪 70 年代的河南小乡村，中原农耕文明还在这片土地上有着深深的烙印。从以儒家文化为核心的敬奉天地、神明、先祖，到人际交往间的敬高堂、尊师长，以及自给自足式的农耕生活、餐桌礼仪……潜移默化中，塑造着赵志恒的品行。如强劲的白根秧苗般深深扎根于生活和大地的童年，让他拥有了对天地、父母本然的敬和爱，以及生命的韧度和做人的格局。

土地的故事

"地不欺人"是赵志恒的口头禅，在他看来，土地和人的连接取决于每一个人的意识和思想，宏观上多感受，微观上多思辨。朴门永续，酵素农法，生物动力农耕，阿纳斯塔夏，精致农业……不知不觉中，他就把各种农法理了一遍，"我不会把自己框在某种农法里，好的东西要实践和应用：平时多留心观察大自然的运作规律，再针对眼前这块土地的具体情况问诊、把脉、开方，继而再根据土地给出的实际反馈调方。一个好农人就像一个好医生。"

就这样，每天面对真实的土地，在观察中实践，实践中观察。天文学、物理学、生物学、化学、医学……学着学着，"当带着真实的问题去学习时，这学习就会更深入。朴门永续中，我实践最多的是免耕覆盖，非常有效；酵素在水里转化分解化学残留的能力非常强；生物动力农法的 CPP 坑肥，改良土壤有效而快速……我的工作就是把它们结合起来，为具体的土地所用。探索到最后就会发现，很多东西其实都是通的。"

一稻一世界

对于立志回归土地的新农人，赵志恒的建议是：宏观入局，微观入手。有宇宙万物运行规律之下的整体观后，再选择一个具体的农作物入手，深入研究探索，做到极致，便能体现出所有的宏观。所谓一花一世界。

大理拥有云南唯一的黑土地，"一季稻子一季豆子（或土豆）"的轮作方式是生活在这片土地上的白族人世代延续的耕作智慧。赵志恒经过几年的观察实践，最终把水稻作为自己与土地工作的微观载体，"有人问，改良土壤需要几年？依我的实践来看，如果没有水大量参与的情况下，确实需要四五年，甚至六七年。但如果引入酵素和水呢？酵素加速分解、转化重组的能力很强，当它被稀释到 1000 倍时最为活跃，而种植水稻恰好可以达到这样的比例。为了保持稻田水面，需要不停地放水，就像洗衣服一样，一季下来，这个土壤就洗得差不多了。如果再给一季绿肥，比如苜蓿、黑麦草、高粱等，它们都是大自然里最强的有机质，有机质在土壤里形成碳元素，碳元素经过腐化，形成小碳链，抓捕土壤中的各种残留，直到完全分解为止。碳就像土壤的肝脏，具有解毒造血功能。如此，一年、两年，一块相对贫瘠的土地，便可以重新恢复健康活力了。"

除此之外，赵志恒也阻断了其他伤害土地的可能性。比如选择干净的水源、建 6 米宽的物理隔离带、挖疏导沟渠等，"做好这些事之后，再关照好水肥，关照好水稻本身的习性，农夫就可以天天睡大觉了！"

然而，赵志恒并没有睡大觉，他还有更远大的理想："在保证品质的情况下，只有实现全民可种植，全民可消费，土地的健康、人类的健康才能真正回来。我也还在黑暗中行走，但我愿意成为一块垫脚石。一块地养几年，就可以实现免耕。免耕加机械化，就能大大降低人工成本。我们还开发了以胚芽米为原材料的米奶、米饮等高附加值的产品。当围绕一颗稻谷的自然生态、人文生态、社会生态都健康发展的时候，梦想便会照进现实。"

水晶的故事

　　路漫漫其修远兮，于赵志恒而言，困难、矛盾、纠结……所有试错的成本都会形成压力，但这些都是不可逃避的，"遭遇问题，才能成长。不经历事情，又怎能看清自己的心？"坐在我面前的赵志恒，就这样像谈论别人的故事一样，谈论着他入坑的这些年，"土地可以把所有的不如意都转换为欢喜，它不仅仅给了我们丰厚的产出，还有情感、感知、觉知……不可说，不可思，不可议……"

　　在生物动力农法中，会用到一种叫作 BD501 的制剂，它最主要的成分是水晶粉末。赵志恒会把它用在稻田的健康管理上。水晶很神奇，不管把它磨得有多细，它最小的颗粒都是六面体。当把 BD501 放在水里稀释搅拌后，以非常细腻的水雾喷洒在稻田上空时，这些小小的水晶六面体就会悬浮在空中，把阳光加倍地折射在水田上。它们不仅能帮助植物排出多余的水分，提升免疫力，而且能放大植物的光照效果，刺激光合作用。

　　水晶是由于陨石撞击、地壳运动而到达地球深处，再经由火山喷发，在巨大的压力与温度下形成的六面体。突然觉得，在赵志恒身上，也有水晶一般的品质——纯净明朗，感性与理性并存；愿意承担挫折和压力；愿意经由自己，聚焦爱，并加倍放大爱——给他深爱的植物和万物……

迷迭香煎土豆

【食材】

五彩土豆，迷迭香，油，香草盐

【做法】

1　土豆洗净去皮，切片。

2　电饼铛刷油，摆入土豆片。

3　土豆片上淋少许油。

4　待土豆煎至八成熟时，撒鲜迷迭香碎煎至土豆熟透。

5　出锅前撒适量香草盐即可。

赵志恒说，大自然是一个生命体，更是一个智慧体，它的智慧不是人类所能企及的。这些年，他越做越感到自己的渺小，唯有怀着一颗臣服敬畏之心，努力向大自然学习。

在稻田里摸爬滚打，他发现了很多植物支持植物、植物支持土地的秘密。也就是说，预防、治疗农作物病虫害的"药"，不在化学实验室，不在农药厂，而在农作物生长的这片土地上。一起来看看赵志恒怎样经由"观察—思索—寻找科学论证—实践—归纳总结—举一反三"这样一条探索学习实践之路，妥妥地成为了植物医生。

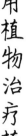

用植物治疗植物

狗尾巴草驱虫水

发现：一般的草都有虫子，狗尾巴草却没有。

寻找：查资料后发现，狗尾巴草有天然的驱虫能力。

实践：将狗尾巴草浸泡于水中，将浸泡后的水均匀喷洒在农作物表面，即可起到防虫驱虫作用。

天然生根水

思考："无心插柳柳成荫"一定有它的现实意义。

寻找：经过查找资料发现，柳条在春天萌芽时，激素含量非常高，这种激素会诱导土壤中的菌群与根系结合，从而使根系越来越强壮。

实践：将刚萌芽的柳条剪成 2 厘米的小段，用沸水浸泡，冷却后就是天然生根水了。

木贼祛湿水

发现：将木贼切段、熬煮，就会析出一种结晶体——硅。

思考：硅分子是六面体结构，可以折射光线，增强植物的光合作用。

实践：将木贼切段，熬煮两小时。取熬煮的液体，均匀喷洒于有真菌感染的植物表面，可预防和治疗因湿热环境影响而形成的真菌感染。

图书在版编目（CIP）数据

糙米 布衣 野花：我和食物的故事 / 睿子著；
诗琦绘. — 北京：中国轻工业出版社，2024.10
ISBN 978-7-5184-4698-8

I.①糙… II.①睿… ②诗… III.①饮食—文化—
中国 IV.①TS971.202

中国国家版本馆CIP数据核字（2024）第047625号

责任编辑：杨 迪 责任终审：劳国强 整体设计：董 雪
排版制作：梧桐影 责任校对：朱 慧 朱燕春 责任监印：张京华

出版发行：中国轻工业出版社（北京鲁谷东街 5 号，邮编：100040）
印 刷：北京博海升彩色印刷有限公司
经 销：各地新华书店
版 次：2024年10月第1版第1次印刷
开 本：720×1000 1/16 印张：13
字 数：300千字
书 号：ISBN 978-7-5184-4698-8 定价：78.00元
邮购电话：010-85119873
发行电话：010-85119832 010-85119912
网 址：http://www.chlip.com.cn
Email: club@chlip.com.cn
版权所有 侵权必究
如发现图书残缺请与我社邮购联系调换
230387S1X101ZBW